敦煌莫高窟保存环境

CONSERVATION ENVIRONMENT OF DUNHUANG MOGAO GROTTOES

张明泉　王旭东　郭青林／编著

兰州大学出版社
LANZHOU UNIVERSITY PRESS

图书在版编目（ＣＩＰ）数据

敦煌莫高窟保存环境 / 张明泉，王旭东，郭青林编
著. -- 兰州 : 兰州大学出版社，2023.9
　ISBN 978-7-311-06494-5

　Ⅰ．①敦… Ⅱ．①张… ②王… ③郭… Ⅲ．①敦煌石
窟－文物保护－环境因素－研究 Ⅳ．①K879.214

　中国国家版本馆CIP数据核字(2023)第100678号

责任编辑　魏春玲　　佟玉梅
封面设计　汪如祥

书　　名	敦煌莫高窟保存环境
作　　者	张明泉　王旭东　郭青林　编著
出版发行	兰州大学出版社　（地址：兰州市天水南路222号　730000）
电　　话	0931-8912613(总编办公室)　0931-8617156(营销中心)
网　　址	http://press.lzu.edu.cn
电子信箱	press@lzu.edu.cn
印　　刷	陕西龙山海天艺术印务有限公司
开　　本	787 mm×1092 mm　1/16
印　　张	12.5
字　　数	263千
版　　次	2023年9月第1版
印　　次	2023年9月第1次印刷
书　　号	ISBN 978-7-311-06494-5
定　　价	68.00元

前 言

　　文物是人类在社会活动中遗留下来的具有历史、艺术、科学、社会和文化价值的遗物和遗迹，它始终与自然环境、社会环境共同存在。虽然文物的种类和存在形式各不相同，保存状况也存在着差异，但文物本体和它存在的环境之间始终处于一个相互影响、相互作用、共同演变的体系之中。

　　文物在环境中产生，在环境中保存，也会在环境中消失。文物所在的环境包括自然环境和社会环境两个方面，相比较而言，除突发地震、火山喷发、洪水之外，自然环境是相对稳定的或变化缓慢的，其历史演变过程通常以千年为单位计，而社会环境的变化可以在短时期内发生，尤其是社会经济高度发展的当今世界，社会环境的变化可谓日新月异，对文物的影响会在短时间产生，并且是显著的。因此，要保护好文物，就必须保护好文物存在的环境，重要的是规范人为活动，遏制建设项目开发对文物的影响。这就要求我们在文物保护研究与利用过程中，不仅要研究文物本体的材质、结构特征，也要研究文物保存环境的组成结构、功能、循环特性等。既要保护好文物本体，又要保护适宜文物长期健康保存的自然环境，营造利于文物保存的社会环境。

　　莫高窟保存的自然环境可以简单概括为气候极度干燥，降水稀少，风沙频繁，生态环境严酷，表现在环境风貌上可谓一山（三危山）、一沙（鸣沙山）、一戈壁（千佛洞戈壁），紧紧包围着一条小河流（大泉河）和一片小绿洲（窟区绿化带）。正是这种特殊的自然环境再加上相对稳定的地质环境和偏远的社会环境，才使得莫高窟历经 1 600 余年比较完整地保留下来。随着社会经济的发展和旅游业的兴起，人们对文化遗产的重视程度和认知水平在不断提高，莫高窟的社会环境和人为活动在逐年发生变化。一方面是洞窟文物保护研究力度在加强，另一方面是文化旅游已成为人们追求的一种时尚，莫高窟已成为人们外出旅游欣赏世界文化遗产的首选地之一。尤其是2006年8月兰新铁路分支直通敦煌客运列车开始运营，再加上G314瓜州至敦煌高速公路开通，前来莫高窟参观的游客急剧大幅度增加，由此对文物保存环境产生的影响也明显增加。

为应对社会旅游环境大幅度变化对莫高窟文物保护带来的压力，2003年，以敦煌研究院院长樊锦诗为代表的25位全国政协委员提出了建设莫高窟数字化保护与展示为主要内容的提案（全国政协十届一次会议提案第1412号），该提案受到了全国政协领导的高度重视。在全国政协和国务院领导关怀和支持下，敦煌研究院开启了以莫高窟的数字展示设施和游客接待设施建设为主要内容的"敦煌莫高窟保护利用工程项目"，旨在利用高科技手段来保护莫高窟文化遗产，以缓解游客大幅度增加对文化遗产造成的不良影响。

莫高窟的数字展示设施和游客接待设施建设是一个大事件，是敦煌研究院发展历史上的重要里程碑，对莫高窟文物保护和合理利用具有十分重要的意义。为了保证这项工程建设的顺利开展，确保文物本体保护和环境保护同步发展，确保工程建设对文物保护与利用的效果最大化，不良影响最小化，2006年，本书作者团队承担完成了《莫高窟保护利用工程环境影响报告书》，通过对莫高窟保存环境现状评价和项目实施对莫高窟文物影响的预测评价，并经充分论证后对数字展示设施和游客接待设施建设提出了新的选址方案，得到了主管部门的认可和采纳，为莫高窟保护、有效利用和可持续发展起到了重要作用。

根据《文物保护工程管理办法》第二十五条规定："重要工程应当在验收后三年内发表技术报告"的规定，我们把《莫高窟保护利用工程环境影响报告书》作为编写本书的重要内容，同时选编了作者团队承担完成的《敦煌莫高窟崖体及附加构筑物抗震稳定性研究》《敦煌莫高窟水环境与远景供水方案研究》《莫高窟洪水风险预警研究》等项目的部分内容。这些项目都由敦煌研究院与兰州大学合作完成，除了本书作者外，参加这些项目的人员有曾正中、颉耀文、张虎元、姚增、周仲华、王锦芳、赵转军、刘琴、孙纪周、贾宁、金玲、张满银、火飞飙、王晓芸、林经理、吴凯凌、赵莎莎、冯涛、王石斌、纪淑娜、王亚芹、唐铭、杨淇越、本连芳、马淑静、刘衍、唐玺雯、王小娜、马宏海、裴强强、李红寿、张国彬、杨善龙、刘洪丽、王小伟、张正模等。

本书真实记录了莫高窟文物保存环境状况和社会（旅游）环境变化情况，见证了莫高窟一段重要的发展历程。作为石窟保存环境初步研究成果，本书内容可供从事文物环境保护工作的科研人员参考查阅。本书的第一章、第四章内容由王旭东编写，第七章、第八章内容由郭青林编写，第二章、第三章、第五章、第六章、第九章、第十章内容由张明泉编写。

　　本书编写参考和引用了相关专家学者的研究成果，敦煌研究院提供了部分照片，雷政广提供了相关旅游资料，在此对他（她）们表示衷心感谢。由于文物保存环境的内容涉及领域相当广泛，受作者专业水平的限制，书中不足之处在所难免，恳请读者朋友们批评指正。

作者

2023 年 1 月

目　录

1　莫高窟价值与环境概况

1.1　莫高窟价值

　　莫高窟位于中国西北地区河西走廊的西端，行政区划隶属于甘肃省敦煌市，地貌位置在敦煌盆地南部边缘地带，坐落在大泉河冲出三危山前的沙砾岩崖体上。莫高窟距敦煌市区以南 25 km（图 1-1），距兰州市约 1 200 km。整整开凿了 1 000 年的莫高窟具有重要的历史、艺术、科学和社会文化价值。

图 1-1　远眺莫高窟

1.1.1　历史价值

　　历史价值是指文物古迹作为历史见证的价值。莫高窟提供了佛教传入中国并在中国发展成为重要的宗教信仰的独特资料，也是了解古代时期的政治、外交、贸易、农业、商业、手工业、娱乐、体育、文化、军事、民情风俗等的珍贵图像资料。

　　莫高窟是中国现存规模最大的石窟寺遗址，是世界上历史延续最悠久、保存最完整的佛教艺术宝库，代表了公元4到14世纪中国佛教艺术的较高成就，清晰地反映了佛教艺术中国化的历程。莫高窟是丝绸之路上最为重要的历史文化遗址之一，对中原佛教艺术的普及和发展产生过重大影响，在中国乃至世界佛教传播发展史上具有重要地位。莫高窟提供了诸如道教、基督教和摩尼教等其他宗教的重要资料，这些资料是了解中西方文化交流情况的信息来源，可帮助我们了解古代敦煌以及河西走廊的佛教思想、宗派、信仰，佛教与中国传统文化的融合，佛教中国化的过程等，对于研究敦煌地区佛教史和中国佛教史提供了极其宝贵的资料。

莫高窟始建于前秦建元二年（公元366年），其营造时期历经了东晋十六国、北魏、西魏、北周、隋、唐、五代、宋、西夏、元十个朝代约千年之久。不同时期的莫高窟反映出不同时期的历史情况，各具特色（图1-2）。南北朝时期的洞窟无论是内容、表现形式、用色，还是整体布局，都呈现出一种安逸、静谧及祥和的意境。隋朝时期莫高窟开凿速度居历朝历代之首，新修及重修洞窟可达百座，反映出当时隋朝两任皇帝对于佛教的崇信之高；隋朝时期石窟壁画中飞天盛行，证实了隋炀帝对于飞天的特殊爱好。唐朝之后，莫高窟则逐渐将石窟的宗教性向世俗性转变，反映出唐太宗倡导"民为贵，社稷次之，君为轻"的治国理念之后，人的地位逐渐提高。特别是中唐时期，敦煌被吐蕃占领，在此时期史书中关于敦煌的历史几乎没有记载，但莫高窟大量的中唐时期洞窟和壁画为了解当时敦煌与吐蕃提供了珍贵资料。

图1-2 莫高窟不同时期的代表性洞窟

　　敦煌是古代丝绸之路的必经之地，大量经壁画绘制的不同形态、色泽、纹饰的玻璃器皿等文物充分体现了中西方的贸易；壁画绘制了不少中原与西域商人东来西往、满载货物和遭遇强盗、恶劣环境等的画面，不仅反映了古代丝绸之路的繁荣，也体现了古代丝绸之路经商贸易的艰难险阻；莫高窟壁画中的张骞出使西域图（图1-3）和王玄策出使印度图，刘萨诃、安世高、康僧会、佛图澄等高僧西行求法、东往传教等记载，展现了中原与西域的外交往来和文化交流。

图1-3　第323窟张骞出使西域图

　　莫高窟大量洞窟是由当地名门望族开凿的家窟，绘制了大量的供养人画像、题记等，为研究敦煌地区阴、索、李、翟、张等世族大族与西域关系提供了珍贵史料；绘制的张义潮出行图（图1-4）、仪仗图等为研究不同时期的仪卫制度、奴婢制度、吐蕃官制、归义军政权的管制提供了丰富资料；拓跋鲜卑、吐蕃、吐谷浑、回鹘、党羌等不同民族的画像，反映了敦煌地区不同历史时期的少数民族政权。

图1-4　第156窟张义潮出行图

莫高窟壁画中的本生故事画、佛传故事画、福田经变、弥勒经变、宝雨经变、楞伽经变，虽然反映的是佛经的相关知识，但是当时的画师根据佛经的文字描述，在绘制佛国世界时取材于现实生活，因此莫高窟壁画可以为我们了解古代人的农业、商业、手工业、娱乐、体育、文化、军事、民情风俗等方面提供了图像资料。

窟区现存的29座大小佛塔（图1-5），代表莫高窟在历史长河中重要僧侣参与并缔造莫高窟历史的重要鉴证。大部分佛塔均建于五代、宋、元时期，是莫高窟石窟艺术的重要组成部分，更是延续莫高窟石窟开凿、看守和弘扬高僧的历史脉络佐证和直观的建筑遗址标本，是多个时代地方佛塔建筑营造技术工艺和佛塔造型的珍贵史料，是莫高窟石窟艺术不可缺少的一部分。尤其是莫高窟4号塔，其主人是发现藏经洞的道士王圆箓，是莫高窟近代历史中尤为重要的参与者之一，该塔不仅保存完整，且具有详尽的碑文记录，《太清宫大方丈道会司王师法真墓志》记载了王圆箓的生平、藏经洞的发现过程及其对莫高窟的贡献，对于研究莫高窟具有重要意义。

图1-5　莫高窟佛塔

1.1.2　艺术价值

艺术价值是指文物古迹作为人类艺术创作、审美趣味、特定时代典型风格的实物见证的价值。莫高窟是我国最具艺术价值的文化遗产之一。莫高窟的建造，系统地提供了中外艺术风格交流、融合、发展的丰富资料，展示了中国古代艺术流派的发展历史。莫高窟的许多建筑、壁画、雕塑等艺术品在结构、设计、审美及创造方面都是价值极高的精品。莫高窟对诸如美术、音乐、舞蹈、服装、建筑等艺术门类有着重要的研究价值。

莫高窟壁画中绘制的人物画、山水画（图1-6）、动物画、装饰图案，均代表了当时的艺术风格和艺术成就，吴道子画派、西域凹凸画派、李思训派山水画等传世名家的画作风格在莫高窟随处可见，这些丰富的内容为研究4到14世纪美术的发展提供了独特的基础资料；经变画中绘制的乐队、飞天形象中的乐器，以及藏经洞出土文献中的乐谱等音乐资料，展现了近千年连续不断的中国音乐文化发展变化的面貌，为研究中国音乐史、中西音乐交流提供了珍贵资料；壁画中记载的西域乐舞（图1-7）、民间宴饮、嫁娶舞乐、宫廷和贵族宴乐歌舞、飞天飞舞和藏经洞出土的舞谱等资料，展现了大量的反弹琵琶等高超的舞蹈技巧和完美的舞蹈形象，为研究不同时代的舞蹈艺术风格和舞蹈发展提供了重要资料。

图1-6　第217窟青绿山水画

图1-7　第220窟乐舞图

莫高窟壁画中绘制的佛寺、城垣、宫殿（图1-8）、阙、草庵、穹庐、帐、帷、客栈、酒店、屠房、烽火台、桥梁、监狱、坟茔等丰富的建筑画，展示了中国古代建筑的发展史，填补了部分历史时段的建筑历史记载的空白；现存的五座唐宋木构窟檐和窟区的大量佛塔、牌坊、寺院等均是莫高窟独特景观，莫高窟艺术体系的重要组成部分，更是研究古代建筑的重要实物资料。窟区的佛塔大都保存完整、种类多样、造型各异、大小不一、建造工艺各有不同。大部分佛塔均以土坯砌筑而成，土坯大小尺寸各不相同，充分体现不同时代敦煌地区建筑技术工艺特征。无论从选址、城址结构布局，还是从技术工艺和外部特征，其塔身和相轮重数各不相同，均为单层，有1、3、5、7、9、11、13等，造型有方形、圆形两种，其中塔刹作为表象部分，基本沿用原有窣堵坡的形象，塔身结合我国传统建筑的特点和元素变化较多，类型各异，大部分佛塔的造型均能在洞窟壁画中一一对应，是我国古代佛教佛塔建筑工程的典型代表。

图 1-8　第217窟经变画中的宫殿建筑

1.1.3　科学价值

科学价值是指文物古迹作为人类的创造性和科学技术成果本身或创造过程的实物见证的价值。莫高窟提供了关于古代中国科学技术如农业、军事装备、交通、天文、医学等的丰富资料，并展示了古代许多重要技术成果。

莫高窟壁画中有大量的本生画、佛传故事画、经变画，记载了大量的耕地、播种、收割、打场、扬场等全流程的农业画面（图1-9），也绘制了直辕犁、曲辕犁、三脚耧犁、铁铧、耱、耙、锄、铁锨、扁担、秤、斛、斗、升、连枷、木杈、木锨、簸箕、扬篮等农业工具，为研究古代农业科技发展提供了珍贵资料。尤其是能调节耕作深度的曲辕犁，代表了当时最为先进的农耕工具。莫高窟壁画中还绘制了大量的长矛、长戟、长枪等格斗兵器，环刀、剑等卫体兵器，弓箭（图1-10）、虎帐、豹韬等远射兵器，明光铠、两当铠、步兵甲胄、长盾、圆盾、马铠、面帘、寄生等防护装具，狼牙棒、绳索、金瓜等特种兵器，军旗、战马等作战工具，为研究我国古代军事科技提供了丰富的资料。尤其是马铠的产生和发展为世界军事装备做出了独有贡献。敦煌作为古代中西交通枢纽，莫高窟壁画不仅展现了古代丝绸之路的繁荣，也留下了牛、马、驼、骡、驴、象以及舟、船、车、轿、舆、辇等交通工具形象，通幰牛车、偏幰牛车、敞棚牛车等牛车类型和轺车等马车类型，骆驼车、童车、独轮车等，以及马套挽具、马镫、马蹄钉掌等器具，这些资料为研究古代交通科技提供了大量图像数据。

图1-9　第23窟耕作图

图1-10　第346窟弓箭

此外，藏经洞出土的全天星图、雕版印刷金刚经、灸法图、食疗本草等大量的资料，为研究古代天文历法、印刷科技、医学医药科技等提供了重要资料；莫高窟现存的佛塔均为土坯+木混合结构，且体量较大，体现了工匠们精湛的技艺，尤其结合佛教艺术、窣堵坡原有的意义、地方建筑特征与结构特点和区域环境特征，形成了莫高窟独有的佛塔建筑艺术和工艺。这种建造工艺对塔体的自身保护和相关土遗址保护具有指导意义。

1.1.4　社会价值

社会价值是指文物古迹在知识的记录和传播、文化精神的传承、社会凝聚力的产生等方面所具有的社会效益和价值。莫高窟是杰出的世界文化遗产、重要的爱国主义教育基地。莫高窟是中华民族祖先留存下来的、具有珍贵而丰富的历史文化信息，是中华优秀传统文化艺术的宝库，具有显著的爱国主义教育意义。莫高窟是重要的遗产保护科学研究基地，在石窟保护方面所积累的丰富经验可为中国其他石窟遗址的保护提供借鉴。莫高窟属于国家重要的文化资源，并以突出的遗产价值成为甘肃省及敦煌市文化资源最重要的组成部分，可对甘肃省尤其是敦煌市的地方社会、文化、经济发展和生态保护产生积极的促进作用。游客参观遗址可带动甘肃省及敦煌市地方经济的发展，在甘肃省旅游发展规划中具有领先的重要地位。

莫高窟壁画中的飞天（图1-11）、卷草纹、莲花纹、藻井（图1-12）图案等敦煌元素在现代社会中扮演着不可或缺的角色，丰富着人们的日常生活，助力敦煌文化的传播与弘扬。艺术丝巾、真丝包、服装家居、雨伞挂件等造型别致、创意独特的文创产品，无不展示着浓郁的敦煌文化和丝路文化特色；人民大会堂宴会厅的天花板和门楣装饰、冬奥会火炬"飞扬"、首钢滑雪大跳台"雪飞天"、国家速滑馆"冰丝带"等的设计灵感均与敦煌飞天相关；大量学者和机构基于整理莫高窟壁画中各个时期的图案、服饰、人物配饰等资料，通过重新设计使这些带有敦煌文化和精神的图案、装饰通过艺术衍生品、服饰等，对敦煌文化进行更多元化的推广。

图1-11　莫高窟飞天

图1-12　莫高窟藻井

窟区的佛塔作为莫高窟石窟艺术的重要组成部分，陪伴石窟建筑千年巍然屹立，雄伟壮观，结构精巧，戟指蓝天，点缀风光，引人瞩目，置身莫高窟文化遗产的古迹胜景中，别有一番寻古探幽之情景。近年来，莫高窟在吸引广大游客、学者和工作人员拍摄莫高窟美景、思考莫高窟历史和游览莫高窟盛景中发挥了重要的作用。莫高窟周围的佛塔承载和丰富了莫高窟的优秀建筑文化艺术，并用独特的方式为世人展现和传承敦煌艺术的建筑类型特点，丰富敦煌石窟文化艺术内涵，具有较为重要的社会价值。

1.1.5　文化价值

文化价值主要包括了文物古迹因其体现民族文化、地区文化、宗教文化的多样性特征所具有的价值，文物古迹的自然、景观、环境等要素因被赋予了文化内涵所具有的价值，以及与文物古迹相关的非物质文化遗产所具有的价值等方面。莫高窟的珍贵文物，与莫高窟的不可移动文化遗产共同构成了世界遗产的文化价值。

莫高窟藏经洞保存的五万余件文书、刺绣、绢画、纸画等文物包含了公元4到10世纪的宗教、民族、文化、历史等信息，具有重要的甚至是珍稀的历史、艺术、科学文献价值，因而在世界范围形成了专门的学术研究领域"敦煌学"。《六祖坛经》等佛教禅宗早期经典，老子《道德经》等道教经典，景教、摩尼教、祆教等外来宗教的《旧约圣经》等重要的宗教文献，正史《史记》《三国志》等文化和地理资料，契约等公私文书均具有极高的文献价值；藏经洞的粟特文、于阗文、梵文、古藏文、回鹘文、龟兹文、突厥文等民族语言文献（图1-13）对研究古代西域中亚历史和中西文化交流有不可估量的作用。

佛教《六组坛经》

道教《道德经》

祆教二女神

粟特文《善恶因果经》

叙利亚文《旧约圣经》

铜十字架

图1-13　藏经洞出土的文献资料

　　壁画和藏经洞文献中绘制的衣食住行、生老病死、婚丧嫁娶等古代经济生活、民情风俗等场景，为研究不同时期的历史现状提供了丰富的材料。

　　此外，窟区的佛塔是不同时期文化艺术交融的结晶和鉴证，每一座佛塔均为僧侣圆寂后其弟子为祭奠而修筑，包含着不同时期守护石窟高僧一生的事迹，建筑形制代表了不同时期建筑技艺的发展痕迹，塔体仍然承载西方塔的雏形，也融入了中华民族对塔的功能、造型、结构的认知和东方艺术等的渗透，同时这些佛塔也是不同时期石窟佛教礼制文化传承的重要组成部分，对于研究佛教僧侣相关文化具有重要的价值。

1.2 莫高窟环境概况

1.2.1 自然环境

1.2.1.1 地理位置

莫高窟位于甘肃河西走廊西端的敦煌市境内（图1-14），交通比较便利，可乘坐飞机经兰州机场抵达敦煌机场，敦煌机场距莫高窟15 km，或乘坐火车抵达敦煌火车站，敦煌火车站距莫高窟14 km，也可乘坐汽车沿河西走廊从东到西经过武威市、张掖市、酒泉市、嘉峪关市，一路领略自然、人文景观后抵达莫高窟景区。

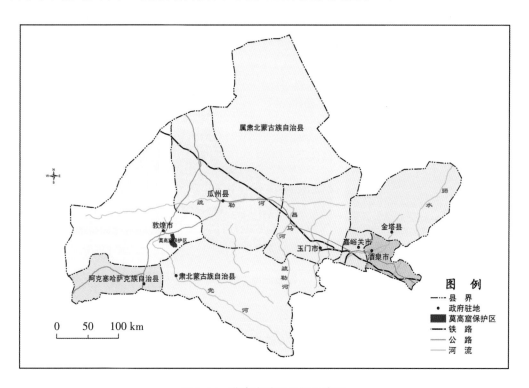

图1-14　莫高窟地理位置示意图

1.2.1.2 气象

敦煌市地处中国西北内陆腹地，长年受蒙古国高压的影响，总的气候特征为降水稀少，蒸发强烈，日照长，温度变化显著，夏季炎热，冬季寒冷，风沙活动频繁。据敦煌气象站观测资料，敦煌市多年平均气温9.3 ℃，年均降水量39.9 mm，年均蒸发量2 486 mm，蒸降比为62。年降水主要集中在6—8月，其降水量约占全年降水量的75%。敦煌地区大风和沙尘天气频繁，常年多东风和西北风，4—9月以东风为主，10月至次年3月西北风频繁，一般风力2～4级，最高达11级；年平均风速2.2 m/s，最大风速可达30 m/s，全年8级以上大风天气平均出现15～20次。

莫高窟自1988年中日合作保护项目开始，在九层楼窟顶建立了全自动气象观测仪，经过三十多年的气象观测表明，窟区（窟顶）多年平均气温为11.45 ℃，年均降水量为36.45 mm，窟顶年均蒸发量为4 347.9 mm，莫高窟九层楼窟顶气候与敦煌市区的差别见表1-1。

表1-1　敦煌与莫高窟气象要素表

站名	年均温度/℃	年均降水量/mm	相对湿度/%	年均蒸发量/mm	年平均风速/最大风速/m·s⁻¹	主风向
莫高窟	11.45	36.45	24.75	4 347.9	3.5/30	偏南
敦煌	9.3	39.9	40.5	2 486.0	2.2/30	东风、西北风

资料来源：敦煌、莫高窟九层楼窟顶气象站。

从气象要素表（表1-1）可以看出，莫高窟地区降水量十分稀少，而且其蒸发量大约是降水量的119倍，由此可见，强烈的蒸发作用是该区降水资源难以得到有效利用的最大障碍，也是莫高窟地区气候的主要特征之一。

此外，莫高窟地区是个多风地区，偏南风出现的频率最高，占47.9%，风力较弱；而偏西风较少，频率占28.1%，风力较强，是造成洞窟前积沙危害的主要原因；偏东风频率只占14.8%，风力较强，会对洞窟崖面造成强烈的风蚀和剥蚀危害。

1.2.1.3　水文

敦煌盆地属疏勒河的中下游地区，由于上游区水资源的过度开发利用，自20世纪70年代起，疏勒河就在敦煌盆地断流。敦煌市赖以生存的唯一水资源是发源于南部祁连山的党河，该河流距莫高窟以西最近距离约15 km。党河发源于祁连山团结峰，全长390 km，汇水面积16.97×10⁴ km²，多年平均径流量2.9×10⁸ m³。在1975年10月党河水库修建以前，党河流入敦煌市区及其北东地区长达55 km。修建党河水库之后，沙枣园下游党河水被纳入了人工渠道，除水库排沙期和人工放水造景时期，原河床常处于断流状态。

窟区唯一的地表河流是大泉河（也称西水沟）。大泉河实为一泉水河，是由祁连山西段野马南山降水补给阿克塞（含肃北县）盆地，以地表明流或地下潜流形式由南向北径流，在三危山以南受隔水地层阻截，以大泉（实为很小的泉水）、条胡子泉形式出露，汇集形成常年流水的大泉河。大泉河自泉水出露点到莫高窟全长15.5 km，流域总的地势是由东南向西北倾斜，河水的流向受地势影响也基本由东南流向西北，流经大拉牌、小拉牌、旱界子、莫高窟、茶房子，最后在敦煌五墩乡一带汇入党河。20世纪90年代，在莫高窟以南700 m处修建了拦河坝，将大泉河水引入窟区两岸作为绿化用水和生物治沙用水，下游河道基本干涸，只有在6—8月发生大暴雨时，可在窟区及下游河道形成历时短暂的、变率较大的山洪。

据多次实地调查与测流分析，大泉河流出三危山山口的平均流量为0.076 4 m³/s，可推算出大泉河的出山口年径流量为240.9×10⁴ m³（图1-15）。在泥沙方面，根据甘肃省悬移质年侵蚀模数图，大泉河流域侵蚀模数为100 t/ km²·a，由此推得莫高窟防洪河段以上的大泉河多年平均悬移质输沙量为11.15×10⁴ t，推移质输沙量按悬移质输沙量的25%进行估算，大泉河多年平均推移质输沙量为2.79×10⁴ t，输沙总量为13.94×10⁴ t。

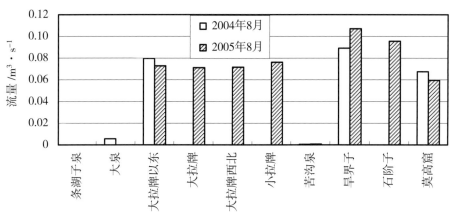

图1-15　大泉河各断面流量监测图

1.2.1.4　地貌

莫高窟的地貌形态主要有剥蚀构造低山、金字塔沙丘、山前冲洪积扇形戈壁滩，海拔一般在1 120～1 600 m之间。窟区处于基岩中低山向戈壁砾石平原的过渡带，地貌单元为垄岗状洪积砾岩台地及其下切侵蚀形成的河谷地貌，总体地形南高北低。

地貌的形成是由地球内动力和外营力综合作用的结果。第四纪以来随着河西走廊中部地层的隆起以及长期遭受风化剥蚀，在敦煌盆地南部形成了以三危山为代表的剥蚀低山；盆地的相对下降形成大量松散物质的堆积，造就了敦煌地区地貌的基本轮廓。根据地貌的成因类型及形态特征可以把敦煌地区的地貌分为剥蚀构造低山地形、构造剥蚀丘陵地形、堆积地形、风积地形四种类型。

莫高窟在敦煌盆地南部边缘，地貌形态属于剥蚀构造低山地形。在此基础上再进一步详细划分，可以分出以下三种地貌类型：

（1）剥蚀构造低山地形：主要位于窟区东南部，三危山为其代表，山体由前震旦系变质岩和蓟县期火成岩组成，走向北东东（NEE）。由于长期处于上升过程中，山势比较险峻，海拔标高在1 500～1 900 m之间，最高峰1 922 m，相对高差最大在300 m

以上。山顶呈尖菱形，山脊多为鳍状。平行山脊断层谷较为发育，南坡沟谷开阔、浅平，纵坡降2%～3%；北坡沟谷多呈V形，纵坡降较大，为4%～5%，沟谷切割深60～80 m。

（2）河谷阶地地貌：主要分布于大泉河出山口地段。由于三危山的不断上升，大泉河下切形成了多级侵蚀阶地（最多达V级），其中窟区段两岸为Ⅰ级和Ⅱ级阶地。窟区的河段高程为1 320～1 380 m，处于基岩中低山区向戈壁砾石平原区的过渡带，地貌单元为垄岗状洪积砾石台地及其下切侵蚀形成的河谷区。河谷呈南北走向，窟区以上河谷较窄，一般宽30～50 m；窟区两岸分布Ⅰ、Ⅱ级冲洪积阶地，河道宽40～200 m；窟区下游河道逐渐变宽，最终没入戈壁砾石平原区。

（3）山前倾斜洪积平原即大泉河冲洪积扇：该洪积平原呈扇形向山前盆地展布，由三危山前向北倾斜至安敦公路地带，与党河细土平原接壤。海拔标高为1 100～1 300 m。山前地段坡降为2%～4%，洪积扇中下段坡降为1%～1.5%。

1.2.1.5　土壤植被

敦煌市的土壤类型主要以腐殖质含量较高的灰钙土为主，土质主要为冲积、淤积黄土状亚砂土层。由于敦煌市特殊的气候水文和光照条件，该区植被总体上呈现出干旱草原、半荒漠与荒漠化植被。主要的植被为耐盐耐旱的植物群落，如梭梭、麻黄、白刺、红柳、盐穗木、骆驼刺、苏枸杞、艾蒿、黄花、芨芨草、厚穗滨草等。在人工绿洲区内，除了农作物和果园外，还分布有周边防护林和农作区林带。

莫高窟大部分土地为基岩裸露或沙漠覆盖，土壤资源在这里很少，仅是在窟区大泉河谷Ⅰ级阶地上零星分布土壤层，土质以砂壤土为主，也有少量的淤泥黏性土。在这片土壤层上，有人工种植的以杨树、柳树、沙枣、洋槐为主的林带，还有以苹果、梨树为主的小园林，构成了窟区的微小型沙漠戈壁绿洲，面积达24.5 hm²。此外，在窟区南部和东部是光秃的基岩山区，北部至西部约15 km范围内为荒漠戈壁或沙漠，仅有极少量零星分布的盐生草、沙拐枣、白刺和红柳等耐旱耐盐植物。

直通莫高窟的专用道路——文化路口一带属敦煌绿洲与戈壁交界带，土壤分布面积约100 hm²，类型为砂壤土，人工植被主要有新疆杨、梨树、桃树、杏树、沙枣树、榆树、柳树等，自然植被主要为零星分布的沙拐枣、盐生草、刺沙蓬、红柳等耐旱耐盐的植物群落，覆盖度很低，仅有1.5%～2.0%。

1.2.2　社会环境概况

莫高窟社会环境比较偏僻，东面是数百公里的基岩隆起带（邻近莫高窟的一段山脉称三危山）；西面是绵延40 km的鸣沙山；向南约64 km直抵祁连山分支野马山，为人迹罕至区；北面相隔14 km戈壁滩（千佛洞戈壁）进入敦煌绿洲区。莫高窟距敦煌市

25 km，距敦煌机场15 km，距敦煌火车站14 km，相距最近的乡村是位于火车站附近的敦煌莫高镇。

1.2.2.1　敦煌市概况

敦煌市是1987年在原敦煌县的基础上改建成的县级市，全市辖9个镇，总土地面积 $3.12×10^4$ km²，其中绿洲面积1 400 km²，仅占总土地面积的4.48%。总人口约20万人（包括青海石油局敦煌生活基地约6万人），城市化率达68.45%。总人口中汉族占绝大多数，少数民族仅占总人口的2.2%。

敦煌市农业资源比较丰富，土地肥沃，光照强，积温高，适宜各类农作物生长，主要农作物有棉花、小麦、玉米、瓜果、蔬菜等，盛产葡萄、李广杏、紫胭桃、鸣山大枣、敦煌蜜瓜等名优特农产品。敦煌市工业规模一般比较小，多属中小型工业和手工业，主要有资源类工业产品芒硝、元明粉、石棉、硫化碱、原棉加工、饲料、花岗石材等。敦煌市的矿产资源比较丰富，已探明的有钒、芒硝、食盐、金、磷、黏土等，具有广阔的开发利用前景。

敦煌市是一座重要的旅游城市，也是一座古老的历史文化名城，汉唐时期曾是古丝绸之路上中西文化交流荟萃的大都市，境内文物古迹众多，文化底蕴深厚，有各级各类文物保护单位及景点265处，其中国家级重点文物保护单位3处（莫高窟、玉门关、悬泉置遗址），省级文物保护单位8处；还有阳关、大漠奇观鸣沙山、月牙泉等人文和自然景观。莫高窟以其博大精深的艺术内涵、丰富深厚的文化积淀、精美绝伦的彩塑绘画享誉中外。

1.2.2.2　莫高窟保护机构设置

敦煌研究院是负责管理世界文化遗产敦煌莫高窟、天水麦积山石窟、永靖炳灵寺石窟以及全国重点文物保护单位瓜州榆林窟、敦煌西千佛洞、庆阳北石窟寺的综合性研究型事业单位。办院方针为"保护、研究、弘扬"。敦煌研究院的前身是1944年成立的国立敦煌艺术研究所，1950年改组为敦煌文物研究所，1984年扩建为敦煌研究院，为省文化和旅游厅、省文物局管理的正厅级公益二类事业单位，设有12个业务部门、12个职能部门、5个直属事业单位和6个文化科技与创意企业以及10个国家级、省部级、院级科研平台。院党委下设基层党组织17个（其中党总支1个，党支部16个）。现有在编职工约428人；因文物安全、旅游开放等工作需要，聘用合同制职工约550人；为推进古代壁画和土遗址保护技术、文物数字化技术的运用，以及发展文化创意产业，院属企业聘用职工约490人，全院现有职工总数约1 468人。

七十多年来，在党和国家提供坚实基础和有力保障的基础上，通过几代莫高人的传承，敦煌研究院逐步形成了"坚守大漠、甘于奉献、勇于担当、开拓进取"的"莫高精神"，总结出了符合敦煌文化遗产事业发展规律的"十位一体"事业发展模式和"基于价值完整性的平衡发展"质量管理模式，现已发展成为我国拥有世界文化遗产数量最多、跨区域范围最广的文博管理机构，最大的敦煌学研究实体，国家古代壁画与土遗址保护工程技术研究中心，国家一级博物馆。涌现出了"敦煌的女儿"樊锦诗、"大国工匠"李云鹤等先进典型，樊锦诗更是被授予"改革先锋""最美奋斗者"荣誉称号和"文物保护杰出贡献者"国家荣誉称号。

莫高窟自1979年正式对外开放以来，特别是20世纪90年代后期，随着我国经济的持续增长和人们生活水平的提高，来到莫高窟的游客不断增加。1984年游客人数突破10万人次，1998年游客人数突破20万人次，2001年游客人数突破30万人次，2005年游客人数突破45万人次，2019年游客人数超过220万人次。自2006年以来，随着火车直接开入敦煌，瓜州至敦煌G314公路的修建，敦煌机场的扩建，使得莫高窟参观旅游的人数大幅度增加。显然，游客是莫高窟人为活动量最大的群体，是影响洞窟小环境变化的主要因素。面对游客数量不断增加的趋势，如何处理好莫高窟保护与利用的关系，已成为不可回避的重要课题。

1.2.3 窟区环境特征与环境问题

1.2.3.1 地理位置特殊

莫高窟地域偏僻，远离闹市和村庄，人烟稀少，没有嘈杂和污染，空气清新。正是这种特殊的地理环境，才使得莫高窟的建造延续14个世纪，也使洞窟壁画避开了历代战乱的干扰和破坏，尤其是北魏太武帝太平真君七年（公元446年）、北周武帝建德三年（公元574年）、唐武宗会昌五年（公元845年）、后周世宗显德二年（公元955年）的4次灭佛运动，使我国中原地区的佛教遭到了沉重的打击和毁灭性劫难。但这些运动未能波及偏远的西北边陲敦煌，莫高窟的佛教活动当时仍在继续。自1900年5月26日发现藏经洞后，藏经洞的文物遭到了英、法、美、日、俄罗斯等国的大肆掠夺，洞窟十多块壁画和2身塑像也遭到了盗掘。另外，在被作为监狱关押白俄罗斯军队士兵时，部分洞窟内也遭到壁画烟熏、刻画、损毁等人为破坏。

1.2.3.2 干旱蒸发强烈

莫高窟自然环境特征之一是干旱少雨、蒸发浓缩作用占优势。由于莫高窟深居内陆戈壁沙漠之中，蒸发量与降雨量之比高达119，强烈的蒸发浓缩作用在这里已持续了很长的地质历史时期。

自中更新世以来，敦煌地区就极为干旱，蒸发作用强烈，其证据有三个方面。①莫高窟东边的三危山北坡冲洪积物表层约1m厚的沙砾石层之下分布着大量的古沙漠层，据采样热释光年代测定结果表明，该古沙漠样品距今约七十万年，属更新世的沉积物。②古埋藏沙沉积物中的易溶盐含量较高，为0.5%～2.0%。③莫高窟顶部戈壁台面表层有厚度30 cm左右的盐结壳砂土层，其易溶盐含量高达9.2%。④莫高窟洞窟地层易溶盐含量普遍在0.1%～1.0%之间。⑤窟区大泉河水质属微咸水，矿化度2.3 g/L，总硬度25.24 °dH。这些易溶盐含量高的现象，反映了干旱区强烈蒸发浓缩作用下的水化学特征。

1.2.3.3　风沙侵蚀严重

莫高窟窟顶戈壁面积大约1.5 km²，西南方向即是鸣沙山，距离洞窟崖体仅有500～1 000 m。当地是多风地区，年平均风速3.5 m/s，最大风速可达30 m/s，主导风向是南风和偏南风。据20世纪80年代中科院兰州沙漠研究所进行的风洞试验和莫高窟窟顶戈壁现场观测，当离地面2.0 m高度的风速大于4.0 m/s时，窟区的偏南风和偏西风可将鸣沙山之沙不断向石窟方向搬运。

风沙对莫高窟的影响主要是壁画和塑像遭受风沙侵蚀和洞窟被积沙掩埋。风沙侵蚀主要表现为露天壁画和塑像在风沙磨蚀作用下表面形成微小凹槽，颜料层被磨损脱落，甚至地仗层也被严重损坏，导致壁画和塑像面目全非。遭受风沙掩埋的洞窟主要是下层洞窟和上部塌顶漏沙洞窟，若不能及时清理，不仅阻隔了人们对文物的研究和欣赏，而且会造成壁画损坏，产生龟裂起痂等病害。对于积沙掩埋洞窟问题，长期以来采用人工清理的办法，粗略估计每年清理积沙量在2 000 m³左右。

1.2.3.4　洞窟围岩裂隙发育

据20世纪90年代开展的《敦煌莫高窟崖体及附加构筑物抗震稳定性研究》调查表明，莫高窟崖体及洞窟围岩发育有两组裂隙，一组是平行于崖面、切割洞窟的卸荷裂隙，一组是与崖面斜交的构造裂隙。卸荷裂隙的形成原因主要是洞窟群的开凿，尤其是甬道的开凿改变了崖体原来的应力分布，使洞窟前墙岩体与后部岩体相分离，由此形成了岩体的薄弱带，在上部岩体自重力作用下沿该薄弱带开裂，形成平行崖面的卸荷裂隙。卸荷裂隙在莫高窟崖体分布多、规模大，切穿洞窟约100个，对洞窟及崖体稳定性造成严重影响。

构造裂隙走向NE，裂隙面平直、闭合，与崖面呈50°～60°夹角。构造裂隙由新构造运动形成，在洞窟开凿前就已经存在，它虽然在数十个洞窟中有分布，也引起局部洞顶岩石掉块，但它对洞窟及崖体的稳定性影响很小。

为治理围岩裂隙隐患，20世纪60年代初，对洞窟崖体进行了较大规模的削顶、浆砌石支挡为主的加固，有效缓解了围岩裂隙的发展和危岩坍塌险情，使四十多年来洞窟崖体安然无恙。但是现场调查发现，在浆砌石支撑崖体的部分地段，由于挡墙地基的不均匀沉降，使挡墙与崖面分离，失去支挡作用，卸荷裂隙又有发展迹象。若不及时加固，使卸荷裂隙进一步发展，则会给洞窟稳定性造成更大的隐患，严重者造成坍塌。可见，卸荷裂隙是直接关系到石窟文物安全保存的重要地质环境问题。2008年开始，工作人员对莫高窟南区崖体进行了整体的勘察与加固工程，确保了整个崖体的安全与稳定。

1.2.3.5　壁画酥碱问题

壁画酥碱是指在水分参与下，洞窟围岩及地仗中的盐分在洞壁产生表聚作用，造成壁画酥软、粉化和散落现象。据现场调查，莫高窟有近100个洞窟存在着不同程度的壁画酥碱病害，其中有56个洞窟壁画酥碱相当严重，壁画酥碱主要分布在位置较低的下层洞窟。壁画酥碱产生的基础原因是洞窟地层、地仗层易溶盐含量较高，盐分补充来源是窟区高矿化绿化灌溉水向洞窟侧向运移的结果，酥碱形成的根本原因是干燥气候强烈蒸发的浓缩作用。

1.2.3.6　壁画空鼓、起甲、脱落、变色、霉菌和烟熏等问题

壁画空鼓、起甲、脱落、变色现象在莫高窟比较普遍，分布规律不明显，其形成原因主要是温差、湿差、紫外线照射等自然因素的作用，也与众多游客频繁参观洞窟有关。霉菌病害主要发生在底层洞窟，其形成与窟区绿化引起的相对潮湿的小气候有关；烟熏病害是曾经有人在洞窟居住、取暖、做饭，燃烧植物燃料所引起。21世纪以来，敦煌研究院加大了对这些病害机理的研究和保护技术的研发，目前绝大多数洞窟壁画保护状况较好。

1.2.3.7　窟区绿化灌溉侧向渗透问题

窟区的绿化及树种选择一直是人们争论的问题，灌溉水的入渗对石窟文物的影响也引起了专业人员的关注，近二十年来的调查和实验表明，窟区绿化灌溉水的侧向渗透能力较强，以非饱和水形式向底层洞窟运移，增加了底层洞窟的潮湿度和酥碱化程度。为了遏制窟区灌溉对石窟文物的不良影响，2000年以后，专业人员将靠近石窟的绿化灌溉形式改为喷灌和滴灌，使侧向入渗问题得到了缓解。但洞窟潮湿酥碱问题仍然是损坏壁画和彩塑的主要环境问题，依然值得长期监测与评估。

1.2.3.8　生活"三废"污染问题

窟区的人为活动产生的生活污水、废气和垃圾，运送游客的汽车排放的尾气，游客进洞参观文物等活动都对莫高窟文物环境产生影响。据2006年调查统计，莫高窟有生活用小型燃煤锅炉2台、茶炉1台；生活污水排放量约95.8 m^3/d，垃圾产生量1.71 t/d。对人为活动废气排放问题，敦煌研究院正在加大力度治理，尤其是开发利用了地源热泵，使生活废气排放消减90%。生活废水排放量虽小，但还未进行有效处理。生活垃圾虽然有简易填埋场，但场址选择和填埋方式不规范，不符合有关要求。

总之，莫高窟自然环境的显著特点是所处地域偏僻，气候极度干旱少雨、温差大、风沙频繁。主要环境问题有围岩裂隙、壁画酥碱、空鼓、起甲、脱落、变色、霉菌、烟熏等，还有窟区绿化灌溉带来小环境的改变和人为活动产生的"三废"污染问题。实际

上，窟区自然环境特点与文物保存、环境问题之间有着内在的联系和相互作用。正是因为地域偏僻和极度干旱的气候环境，才使得公元4世纪至16世纪的石窟文化遗产得以保存下来。但是强烈风蚀和暴雨使得莫高窟洞窟围岩风化现象比较突出，卸荷裂隙一方面降低了洞窟的稳定性，另一方面为降雨、沙尘进入洞窟提供了通道，加上非饱和水向洞窟的运移，是造成洞窟潮湿、壁画酥碱等病害的主要原因。显而易见，莫高窟特殊的自然环境对石窟文物保护既有有利的一面，也有不利的一面。趋利避害，因势利导，改善环境，是莫高窟文物永久保存的必然选择。

2　地质环境

　　凡是石窟都与地质体联系在一起，赋存于地质环境，开凿于崖壁之上或山体之中，区域地层岩性、地质构造、地震活动决定着它的稳定性和持久性，对石窟文物的完整性、延续性起着重要作用。莫高窟的建造选址缘于特殊的地质环境，洞窟开凿于特定的地质体。因此，要了解莫高窟的环境首先要了解它富有特色的地质环境。地质环境的稳定性、完整性、延续性，决定着石窟文化遗产的稳定性、完整性、延续性。

2.1　莫高窟区域地质

2.1.1　地层岩性

　　莫高窟所处数十公里区域内，出露的地层类型相对较少，主要有前震旦系敦煌群（AnZdn）变质岩、第四纪沉积岩和蓟县期、海西期、燕山期的侵入岩。

2.1.1.1　前震旦系敦煌群（AnZdn）

　　前震旦系敦煌群是距今约7.5亿年前的古老地层，分布在莫高窟东南三危山（火焰山）一带，呈北东东和东西方向展布，出露面积数百平方公里，厚度大于3 700 m。

　　1938年地质学家孙建初等在瓜州县西南地区进行地质调查工作时，将敦煌-瓜州-玉门镇一带的古老变质岩命名为"敦煌群"，此后也有些资料将这套岩层称之为"敦煌群杂岩"。自20世纪60年代起，所有资料及报道都将这套岩层称之为"敦煌群"，一直沿用至今。

　　三危山（火焰山）一带分布的"敦煌群"按层序和岩性特征自下而上可分为四个岩组。

　　（1）第一岩组（AnZdn1）：主要由条痕状混合岩、眼球状混合岩、角闪黑云斜长片麻岩和石榴黑云母片岩、石英岩及少量的透辉石岩、大理岩透镜体等组成，厚度大于778 m。

（2）第二岩组（AnZdn2）：由大理岩、透闪石大理岩和白云质大理岩夹白云石大理岩、含石榴黑云石英片岩组成。厚度约1 055 m。

（3）第三岩组（AnZdn3）：为各种片岩和黑云斜长片麻岩组成，片岩有二云母石英片岩、含石榴二云石英片岩、白云石英片岩。另外，一般还有黑云二长变粒岩，底部具有薄而稳定的石英岩。局部地段有混合岩与黑云斜长角闪岩，厚度约954 m。

（4）第四岩组（AnZdn4）：由黑云石英片岩、黑云变粒岩、黑云斜长片麻岩及少量的绿泥绢云石英片岩组成，局部有混合岩化现象。在底部为灰绿色片理化流纹凝灰熔岩，岩组厚度大于1 840 m。

敦煌群岩组的主要矿物成分有钾长石、斜长石、石英、云母、磷灰石、角闪石等，其中云母矿物包括有黑云母、白云母、金云母、绢云母等。各种云母的总量在7%～20%。在阳光直射下，各种云母及山体表面可反射出奇异多彩的"金光"。因此被称为"火焰山"或"千佛灵岩"。传说1600年前的一个黄昏，从大漠深处走来一位名叫乐尊的和尚，行至三危山下，被熠熠闪烁的奇特金光所吸引，他凝目仔细观望，在重峦叠嶂的火焰山上，错落有序的峰峦犹如千佛显灵，于是，他在火焰山顶峰对面的砾岩崖体上开凿石窟，建造了第一尊佛像。这一传说便成了莫高窟特殊选址的起源。

2.1.1.2　侵入岩

侵入岩分布在莫高窟东南三危山一带，多呈岩珠、岩脉形式侵入到"敦煌群"之中。本地区岩浆的侵入在地质历史上具有多次活动性，蓟县期、海西期、燕山期均有过侵入活动。岩浆的侵入明显受北东东（NEE）或北东（NE）向构造带的控制，使侵入岩体的分布与构造带分布相同。蓟县期的侵入体主要沿三危山北部断裂带分布，岩性以片麻状花岗岩和片麻状云母花岗岩为主，个别地段为花岗闪长岩和钾长花岗岩。海西期的侵入体主要分布在三危山以东，主要由角闪石黑云母花岗岩、花岗闪长岩组成。燕山期的侵入体主要分布在火焰山南部构造断裂带，岩性为辉绿岩、辉绿玢岩及辉长岩。

在三危山一带发育的岩脉侵入体，主要表现为沿着近东西向压性裂隙和东北、北西向扭性裂隙充填，岩脉以花岗伟晶岩脉为主，其次为斜长花岗斑岩岩脉，也可见到少量的辉绿玢岩脉、闪长玢岩脉和石英脉。据同位素测定，多数岩脉属燕山期岩浆活动的产物。

2.1.1.3　第四系岩层

莫高窟地区除东南边的基岩山区三危山之外，出露地层均为第四系，由老到新第四系的四个统在本区都有分布。第四系的总厚度在敦煌城区北部350 m左右，在莫高窟地区约230 m。莫高窟地区第四系沉积类型主要为洪积、冲积和风积，受气候变化和新构造变动的影响，不同时期的沉积环境和沉积类型存在着差别，沉积层的物质组成和岩性也或多或少存在着差异。

通过现场调查研究，并对莫高窟地区第四系地层剖面进行实测，结合前人的研究成果，可将莫高窟地区的第四系地层做如下划分（表2-1）。

表2-1 莫高窟地区第四系地层划分简表

统	组	地层名称	沉积类型	厚度
全新统（Q$_4$）	鸣山组	沙和松散沙砾石	风积、冲洪积、湖积	5～15 m
晚更新统（Q$_3$）	戈壁组	沙砾石层	冲积、洪积	5～10 m
中更新统（Q$_2$）	酒泉组	酒泉砾岩	冲积、洪积	约143 m
早更新统（Q$_1$）	玉门组	玉门砾岩	冲积、洪积	约50 m

（1）早更新统——玉门砾岩

玉门砾岩出露于莫高窟以南2.0 km的大泉河两岸，超覆在前震旦系"敦煌群"变质岩之上，呈角度不整合接触（图2-1），出露面积约0.2 km^2，岩性为灰褐色砾岩夹厚层（3～5 m）钙质砂岩透镜体，砾岩层理清楚，质地较为坚硬，硅质胶结或钙质胶结。砾石成分以变质岩为主，粒径一般为1～3 cm，大者为5～8 cm。砾石具分选性和定向排列性，磨圆度较好。受构造运动的影响，玉门组砾岩呈北北东（NNE）缓倾产状（25°～30°∠5°～20°）。据窟区大泉河一级阶地上的钻孔资料显示，玉门组在窟区的厚度约50 m，其下部为第三系泥质砂岩（N$_2$）（图2-2）。

根据现场调查和取样分析，结合玉门组砾岩层理清楚、砾石定向排列、分选性比较好等特征，可认为该岩组的成因类型为冲积和洪积。

图2-1 莫高窟南成城湾河谷崖面地层露头

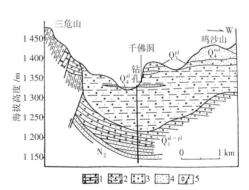

1.玉门砾岩，2.酒泉砾岩，3.沙砾石层，
4.风成沙，5.洞窟。

图2-2 莫高窟前钻孔地层剖面图

（2）中更新统——酒泉砾岩

酒泉砾岩在莫高窟地区出露比较广泛，石窟南区、北区崖体和对面三危山前的侵蚀丘陵主要由酒泉砾岩构成。据实际测量，酒泉砾岩在洞窟崖体出露厚度约30 m，窟区地面以下钻孔揭露厚度113 m，由此推断酒泉砾岩在窟区的总厚度约143 m，其下部与Q_1玉门砾岩呈不整合接触，上部与Q_3戈壁砾石岩层呈假整合接触。

酒泉砾岩的色泽呈青灰色，层理发育，具有沉积韵律，每隔5～14 cm厚的细砾岩之上往往出现1～2 m厚的粗砾岩或中粗砾岩。据颗粒分析，砾石中粒径（d)<2 mm占21%～33%，2 mm≤ d <5 mm占10%～26%，5 mm≤ d <20 mm占24%～55%，d>20 mm的占7%～15%。砾石的岩石成分有花岗岩、辉长岩、石英岩、千枚岩、石灰岩等。砾石的矿物成分主要有石英、长石、方解石、辉石、角闪石等。

莫高窟几乎所有洞窟都开凿于酒泉砾岩地层中，从位于崖体不同层位洞窟的大小、稳定程度、抗风化能力可以看出，酒泉砾岩的坚硬度及其胶结物成分具有差异性，底层洞窟及其以下的砾岩以硅质胶结为主，中上层洞窟的砾岩以钙质胶结为主。

莫高窟地区的酒泉砾岩主要分布在大泉河出山口形成的冲洪积扇，加之该地层具有明显的层理和沉积韵律，分选性又比较好，显然，这套地层属于典型的冲洪积成因类型。

（3）晚更新统——沙砾石层

沙砾石层在莫高窟地区仅出露于洞窟崖体顶部和三危山前丘陵地带，厚度较小且不稳定，一般在数米至数十米之间变化，在洞窟崖体上的分布厚度为8.5 m，与下伏酒泉砾岩呈假整合接触。

晚更新统岩性为沙砾石层夹砂层和粉土层透镜体，呈灰白色，结构比较松散，砾石分选性较差，磨圆度为棱角状或次棱角状，在颗粒组成上，粒径（d)<2 mm占22%～25%，2 mm≤ d <5 mm占10%～17%，5 mm≤ d <20 mm占33%～35%，d>20 mm的占22%～34%。砾石成分主要有花岗岩、石英岩、长石砂岩、辉长岩等。

按照岩石的出露层位、层理和分选性可以看出，晚更新统沙砾石层属冲洪积成因类型。

（4）全新统——沙和松散沙砾石

沙和松散沙砾石在莫高窟地区主要分布于大泉河谷地河漫滩和洞窟崖体西面的沙山一带，全新统岩性主要是沙砾石层、亚砂土、亚黏土、风成沙以及现代坡积物。分布在莫高窟前大泉河谷中的亚砂土及粉土层厚度一般在1.0～2.0 m，分布面积大约0.3 km²。与莫高窟地区的绿化带分布基本吻合。该粉土层的下部是全新统松散沙砾石层，厚度小于3.0 m，它与土壤层一起构成了河流沉积物特有的二元结构。

莫高窟崖体以西约1.0 km以外的沙山，相对高度在50～120 m，在颗粒组成上，粒径(d)<0.1 mm约占10%，0.1 mm≤d<0.25 mm占70%，0.25 mm≤d<0.5 mm占15%，d>0.5 mm的占有量一般不超过5%。沙粒的矿物成分主要是石英、长石、角闪石、云母等。

全新统在莫高窟地区和敦煌盆地分布面积广泛，类型及岩性多样，既有冲积、洪积，又有风积、坡积等成因类型。

2.1.2 地质构造

莫高窟在区域大地构造上处于阴山东西复杂构造带和祁-吕-贺山字形构造体系西翼反射弧西部外缘和阿拉善弧形构造南缘复合部位，主要构造形迹有NE和NEE向展布的三危山断裂、复合背斜和敦煌地槽。

2.1.2.1 三危山断裂

三危山断裂是中国西部巨型断裂构造——阿尔金构造体系的主要成员，位于阿尔金活动断裂带的东段北界，与主断裂带基本平行，距主断裂带约60 km。三危山断裂带东起瓜州县双塔水库，西至敦煌党河水库，总体走向为NE50°～70°，倾向SE，倾角50°～70°，断层带延伸长度约150 km（图2-3）。

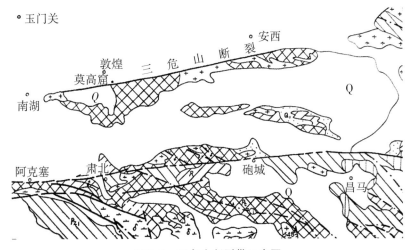

图2-3 三危山断裂带示意图

三危山断裂带基本上是沿着河西走廊西段的南盆地与北盆地之间的隆起带——北截山的北坡延伸，断裂带的宽度一般为30～50 m，最宽处在100 m左右。断裂带既是安敦盆地南边界线，又是基岩山区古老变质岩与盆地第四纪沉积物的分界线。

三危山断裂带的主断层为压扭性断裂，断层破碎带主要由碎裂岩、糜棱岩组成，断层南盘为前震旦系"敦煌群"（AnZdn）构成的中低山，北盘为第四纪沉积物构成的台地。根据断裂的展布形态、断层面特征和第四纪不同时期沉积物分布情况，可将三危山断裂分为三段：一段是西部西水沟（大泉河）断裂带，长度约35 km；断层带比较明显，可以清楚地看到断层面、断层陡坎和断层破碎带物质，第四纪沉积物主要是中更新统砾岩和少量晚更新统沙砾石岩层，偶尔可以见到早更新统砾岩。二段是中部芦草沟断裂带，长度约 55 km，断层破碎带出露不太明显，但可见许多断层陡坎，该断裂带大多被晚更新统洪积物覆盖。三段是东部双塔断裂带，长约 60 km，这一段断层带几乎全部被晚更新世冲洪积物所覆盖，难以看到断层面出露，仅在局部地段沿断裂带走向发育有断层三角面。

2.1.2.2 三危山复背斜

三危山因富含云母的岩石在太阳直射下或是在雨后天晴的阳光照射下，山体呈现出金光闪烁的奇特景象，因此将三危山亦称为火焰山。三危山复背斜位于三危山西部主峰北坡一带，也就是莫高窟东部基岩山上的南天门、王母宫一带。受断裂带的影响，三危山复背斜的出露不太完整，总体上背斜宽度约 11.0 km，延伸长度近 23.0 km，背斜轴呈 NE80°方向分布。

三危山复背斜的轴部地层为"敦煌群"第一岩组（AnZdn1）混合岩和片麻岩，南翼地层为"敦煌群"第二岩组（AnZdn2）的大理岩、第三岩组（AnZdn3）的片岩和黑云斜长片麻岩，南翼地层走向近东西，倾向南，倾角 60°～70°。复背斜的北翼地层由于受三危山断裂带的影响，仅出露"敦煌群"第二岩组（AnZdn2）和第三岩组（AnZdn3）的大理岩、片岩和片麻岩。北翼地层走向近东西，倾向北，倾角 60°～70°，局部地层向南倾，倾角 70°～80°。组成复背斜的地层东部开阔、西部逐渐收敛而封闭，显示了背斜轴向西倾伏的特点。在复背斜地层中发育有次一级的小型背斜、向斜褶曲，如三危山北复背斜地层褶曲强烈，呈"S"形，王母宫殿北部复背斜南翼地层发育有宽度 100 m 左右的几处褶曲。

2.1.2.3 敦煌槽地

敦煌槽地是指安西（瓜州）-敦煌盆地（简称安敦盆地），它是祁-吕-贺山字形构造体系西翼反射弧西部外缘的一个内陆凹槽带，呈北东向展布，北以一条山褶带南缘为界，南以三危山大断裂为界，槽地南北宽 65～75 km，东西延伸约 160 km，面积大约 11 200 km²。

敦煌槽地的基底构造复杂，断裂较多，总体上南部凹陷幅度大，北部凹陷幅度小，构成基底的岩层主要有前震旦系变质岩、新第三系疏勒河组泥质砂岩、泥质粉砂岩、侏罗系龙岗山群砂岩、沙砾岩等。槽地内沉积了大量的第四纪沉积物，主要有砾岩、沙砾岩、中粗砂、粉细砂、粉土、壤土等。第四系沉积物厚度变化特点是槽地南北边缘小，中部和偏南部厚度大，大部分面积内的沉积厚度在 150～300 m，钻孔揭露最大厚度 431 m。

根据槽地地貌以及南北两侧边界断层构造特征，可以推断槽地仍处在缓慢下降阶段，北部一条山褶带的石质低山丘陵也处于缓慢上升阶段。三危山断裂带南侧基岩中低山处于比较强烈的上升阶段。莫高窟正是处于槽地南部三危山上升区与槽地缓慢下降区的过渡地带，可以认为是处于相对稳定略有缓慢上升的区域。

2.1.3 新构造与地震

莫高窟所处大地构造位置的复杂性和地貌位置的特殊性，决定了新构造运动迹象在该地区表现得比较明显。这些新构造迹象主要表现为大面积的垂向升降运动和新近系地层的褶皱断裂构造。

2.1.3.1 升降运动

据区域地质研究表明，上新世末敦煌以南的祁连山、阿尔金山处于震荡式上升阶段，这种上升运动具有明显的节奏性、差异性和继承性。这种上升运动在莫高窟地区的主要表现是三危山的强烈上升，使这些基岩山区高出相对下降槽地300～400 m，裸露的基岩形成险峻的地势。山区"V"字形沟谷发育，切割深度一般在100～200 m，谷地宽度仅有数米，沟谷纵比降较大，且形成许多阶梯式陡坎或陡崖，其高度在20～30 m。在三危山北麓的"V"字形冲沟很发育，这说明基岩山区侵蚀下切作用很强烈。

与三危山强烈上升相对应的敦煌槽地，自第三系末以来处于大面积的下降运动，接受了早更新世至全新世的沉积物，根据钻孔揭露，在盆地沉积中心地带，早更新统厚度在130～180 m，中更新统厚度在110～135 m，晚更新统厚度在70～110 m，全新统厚度在10～40 m。从盆地中心到盆地边缘，第四系沉积厚度由大变小，这种变化反映了新构造上升运动的地带差异性。

莫高窟地区新构造升降运动还具有间歇性特征，主要表现在大泉河阶地的发育上，在莫高窟前大泉河东岸可以见到Ⅰ级至Ⅲ级阶地，西岸只有洞窟崖体前的Ⅰ级阶地和窟顶戈壁为代表的Ⅲ级阶地，可见，新构造的间歇性升降运动在莫高窟地区至少经历了三个周期。

2.1.3.2 褶皱与断裂

新构造褶皱和断裂可见于晚更新统末的疏勒河泥质砂岩和早更新统玉门组砾岩，有时可见于中更新统酒泉组砾岩。据野外调查，莫高窟地区出露的玉门组砾岩一般呈缓倾状，倾角15°左右。在靠近三危山断裂附近玉门组砾岩的倾斜度较大，并在局部地带出现较为平缓的褶曲。

上新世末以来的断裂构造运动在三危山断裂带内的表现，使第四系早更新统玉门砾岩发生错断或古老的前震旦系变质岩逆冲在玉门砾岩之上，有时还可见到断层切割中更新统酒泉砾岩的现象（图2-4）。新构造褶皱和断裂主要发育在上升区与沉降区的交界地带，莫高窟以南约1.8 km处正好处于这一交界地带。因此，新构造断裂切割第四系早更新统地层的现象比较多见。显然，新构造运动是继承老构造继续活动的结果。由于三危山构造断裂切割的最新地层是中更新统，晚更新统和全新统地层没有被切割，所以，可认为全新世以来，三危山断裂处于相对稳定状态。

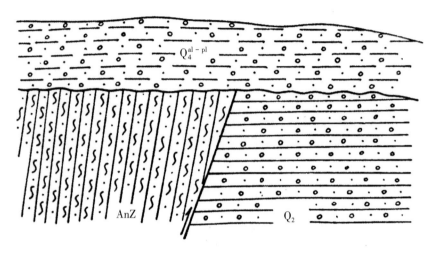

图2-4　三危山断层切割酒泉砾岩地层示意图

莫高窟崖体和洞窟裂隙的调查发现，中更新统酒泉砾岩层中发育有近东西向和北东向两组新构造裂隙，前者走向80°～100°，倾角70°～80°；后者走向40°～60°，倾角75°～80°。这两组裂隙与区域性断裂构造发育方向相吻合，与莫高窟崖壁呈近似直交或斜交。裂隙呈闭合状、陡倾、等间距发育，显示了新构造裂隙的特征。

2.1.3.3　地震活动

据有记录的地震资料，莫高窟地区中、强地震发生较少。据《敦煌县志》记载，公元365年5月8日延兴地震，地面陷裂出水；公元382年在连续三年之中，发生地震数次，谦德堂地基陷裂。《敦煌县志》中记载的这两次地震时间较早，发震的具体位置难以确定，但从这两次地震所造成的"地面陷裂出水""谦德堂地基陷裂"迹象，可以判断震中距离敦煌较近。

从有关中国西部地震研究报道的文献资料可以得知，莫高窟及其周围地区自1785年至今发生的5级以上地震共有11次（表2-2），其中对莫高窟造成破坏性影响的地震是1927年的古浪大地震、1932年的昌马地震和1952年的肃北地震。1927年5月23日在古浪地区发生的地震为8级大地震，震中烈度为Ⅺ度，虽然距离莫高窟有750 km，但由于震级高，影响范围大，敦煌地区震感明显，造成莫高窟196号洞窟顶部顺岩层脱落一块2.0 m×1.5 m×0.25 m带有唐代壁画的岩体，并将佛龛上的塑像砸坏。1932年12月25日发生在昌马的地震为7.6级，震中烈度Ⅹ度，相距约350 km的敦煌震感相当明显，"地内有声如牛吼"自东南向西北而去，震动约10分钟，"栋宇轧轧有声"，毁坏民房 20 余家。1952 年 1 月 23 日，发生在肃北的地震为 5.5 级，震中烈度Ⅶ度，相距约 40 km 的莫高窟震感明显，造成 211 洞窟顶部 0.4 m×0.25 m×0.03 m 的初唐壁画脱落损害。

表 2-2　莫高窟及邻区 $Ms \geq 5.0$ 级地震统计

编号	发震日期	震中纬度	震中经度	震中区	震级	烈度
1	1785 年 4 月 18	39.9	98.0	玉门	6.5	Ⅸ
2	1832 年 8	39.9	96.8	昌马	5.5	Ⅶ
3	1932 年 12 月 25	39.7	96.9	昌马	7.6	Ⅹ
4	1933 年 1 月 17	40.0	97.0	昌马	5.0	Ⅵ
5	1933 年 7 月 11	40.5	96.0	瓜州	5.3	Ⅵ
6	1935 年 11 月 30	39.0	94.0	苏干湖	5.5	Ⅶ
7	1941 年 4 月 19	39.1	97.0	昌马南	6.0	Ⅷ
8	1951 年 12 月 17	39.6	95.7	肃北东	6.0	Ⅷ
9	1952 年 1 月 23	39.8	95.7	肃北东北	5.5	Ⅶ
10	1952 年 2 月 6	39.9	95.2	肃北北	5.5	Ⅶ
11*	1927 年 5 月 23	37.7	102.2	古浪	8.0	Ⅺ

*虽然距离莫高窟 750 km 不属于邻近地区，但这次地震对莫高窟有损害。

　　据阿尔金活动断裂带研究，通过断层形成的古错动地貌分析，可以判断全新世以来莫高窟及邻区古地震至少发生过 4 次。古地震年代以采样 C-14 测定来确定。在阿尔金活动断裂带，古地震断层以位于东段北缘断裂带上的西水沟-巴个峡断层规模最大，长为 160 km 左右，断层地貌实测得到的地震最大水平移动为 15 m，评定地震烈度为Ⅺ度（表 2-3）。

表 2-3　莫高窟地区古地震年代和烈度

断裂带位置	震级	最大烈度	距今时间/年
阿克塞沟	8	Ⅺ	13 510±180
红石拉坡	8	Ⅺ	16 440±100
西水沟	8	Ⅺ	7 080±570
巴个峡	8	Ⅺ	12 590±190
巴个峡	8	Ⅺ	18 620±500

根据古代地震研究成果和现代地震记载，莫高窟地区和邻近地区在 7 000 年以前发生过烈度为 XI 度的强烈地震，现代发生的地震除距离莫高窟 750 km 的古浪地震外，200 多年时间内莫高窟及邻区仅发生过 10 次烈度 VI 度至 X 度的地震，其中 8 次地震烈度在 VI 度到 VIII 度。因此，莫高窟地区地震烈度划分为 VII 度。

2.2 莫高窟崖体与洞窟围岩

2.2.1 崖体形貌

莫高窟开凿在大泉河（西水沟）出山口左岸（西岸）沙砾岩崖体上，出露地层主要是中更新统（Q_2）酒泉砾岩和晚更新统（Q_3）沙砾石层，崖体的基底为早更新统（Q_1）玉门砾岩，崖体顶部平台覆盖有全新统（Q_4）戈壁沙砾和风积沙。洞窟崖体走向近南北，方位 350°～5°，延伸长度 1 680 m。崖体高度一般在 10～45 m 之间，垂向坡度变化可分为上、中、下三个部分。下部崖体基本直立，坡度 80°～90°，高 18～23 m。中部崖体因抗风化能力较差而缩进 2～3 m，与下部崖体衔接部位形成一个堆满坡积物的小台阶，中部崖体仍为近直立的陡壁，高 10 m 左右。上部崖体由晚更新统（Q_3）沙砾石层组成，因胶结程度差，风化形成了 45° 左右的斜坡，高 8.0～10 m。

莫高窟所处地貌部位是大泉河出山口冲洪积扇之上缘地带，洞窟崖体的高度由南向北逐步降低，最终尖灭于北部比较平坦的戈壁滩，这与冲洪积扇形地貌完全吻合。由此可见莫高窟地区的沙砾石层均由大泉河冲洪积而成，洞窟崖体也由新构造运动的间歇升降和大泉河洪水冲刷而成。

从河谷地貌来讲，莫高窟崖体顶部现有戈壁平台，推测是大泉河 III 级阶地平台，莫高窟前平地以绿化为主体的土地面积，属于 I 级阶地，这里的 II 级阶地几乎都被洪水侵蚀，因此才形成了高达 45 m 的陡坎，为洞窟开凿创造了条件。

莫高窟洞窟总数达 735 个，根据洞窟及壁画、雕塑分布情况，可将延伸 1 680 m 的崖体分为南区和北区。南区现存有壁画和塑像的石窟 486 个，北区虽然有 249 个洞窟，其中只有 6 个洞窟保存有壁画和雕塑。

南区洞窟群主要分布在延伸长度约 960 m、高 10～38 m、近于直立的崖体上。洞窟在崖体垂向上的分布大致分为 3～4 个层位，其中下层洞窟 155 个，中层洞窟 192 个，上层洞窟 130 个，第四层洞窟只有 9 个。洞窟大小以平面面积 15～25 m² 居多，最大洞窟地面面积 180 m²。洞型主要为矩形平底、直壁、覆斗顶或人字披顶。多数洞室空间高度 3.5～5.0 m，同层洞窟多数在相邻岩墙开凿甬道相互串通。

2.2.2 洞窟围岩的工程地质性质

莫高窟崖体及洞窟围岩均为中更新统酒泉砾岩组成，在九层楼南侧不同层位砾岩采取8个代表样品进行颗粒分析，粒径(d)>2.0 mm的砾石占50%～60%，2.0 mm≥d>0.1 mm的沙砾占15%～30%，d≤0.1 mm的粉粒、黏粒占10%～15%。砾石的分选性较差，磨圆度为次棱角状，胶结物以钙质、泥质为主，胶结类型以孔隙式为主。据岩石薄片鉴定，酒泉砾岩的岩石成分主要有花岗岩、石英岩、辉长岩、千枚岩、片麻岩、石灰岩等。砾石的矿物成分主要为石英、长石、方解石、辉石、角闪石、黑云母等。酒泉砾岩中粉粒、黏粒及胶结物的矿物成分主要是石英、长石、方解石，黏土矿物有伊利石和绿泥石。

根据组成莫高窟洞窟崖体的酒泉砾岩从上到下颗粒组分和胶结物及胶结程度变化规律，结合莫高窟一、二、三层洞窟在崖体上的分布，可把酒泉砾岩崖体大致分为上、中、下三个层位。通过洞窟崖体剖面22个样品的干密度测定，干密度平均值为2.357 g/cm³，最大值为2.659 g/cm³，最小值为2.155 g/cm³。干密度大于平均值的样品主要集中在洞窟崖体下部，干密度小于平均值的样品出现在崖体上部的概率比较大。虽然砾石样品的干密度在局部采样点具有微观上的不均一性，但样品测定统计数据体现了宏观上的崖体的均一性。这种特征从宏观上反映了洞窟崖体下部岩体质量较好，随着崖体高度增加，岩体质量逐渐变差。

由于莫高窟崖体酒泉砾岩的胶结程度有限，崖体下部岩体的胶结物以钙质胶结为主，仅有少量硅质胶结，崖体中层砾岩以钙质、泥质胶结为主，崖体上层砾岩以泥质胶结为主，钙质胶结成分较少。对这种胶结程度的沙砾岩进行强度测定，取样、制样难度很大，因此采用了点荷载法对大量不规则状砾岩块进行了强度测试，经统计获得崖体上部、中部、下部三个层位砾岩的力学性质（表2-4）。

表2-4 莫高窟崖体砾岩的抗压、抗拉强度测定统计结果

取样崖体层位	平均峰值抗压强度 /MPa		平均峰值抗拉强度 /MPa	
	垂直层面	平行层面	垂直层面	平行层面
崖体上部	10.6	9.5	0.36	0.36
崖体中部	14.3	10.6	0.40	0.54
崖体下部	19.4	15.8	0.60	0.74

莫高窟洞窟地层是干旱气候环境的沉积物，以含有较高的可溶盐为特征。盐分主要存在于小于0.1 mm的细颗粒组分和胶结物质中。据莫高窟九层楼南侧崖体地层剖面8个

样品可溶盐含量监测，自崖底地面向上 $0 \sim 20$ m 内，地层易溶盐含量为 $0.05\% \sim 0.77\%$，平均为 0.30%；$20 \sim 45$ m 地层易溶盐含量 $0.54\% \sim 0.97\%$，平均为 0.69%。崖体上部地层易溶盐含量明显高于下部地层，这种变化与中更新世干旱程度逐渐加剧的沉积环境是相吻合的。

通过对 8 个样品监测结果的进一步分析，可以得到莫高窟崖体酒泉砾岩的盐分类型和含量的平均值分别是 NaCl 含量 0.185%，$NaSO_4$ 含量 0.148%，$MgSO_4$ 含量 0.011%，$Ca(HCO_3)_2$ 含量 0.032%，KCl 含量 0.02%，中溶盐 $CaSO_4 \cdot 2H_2O$ 含量 0.348%，难溶盐 $CaCO_3$ 含量 6.956%。

为证实莫高窟地区新生代以来的干旱环境，1992 年敦煌研究院与兰州大学研究团队在莫高窟窟顶戈壁开挖了 3 个探坑，采取 $0 \sim 100$ cm 沙土进行了可溶盐检测分析。结果表明，戈壁滩表层 $0 \sim 10$ cm 深度的沙土样中易溶盐含量平均值高达 4.052%，$10 \sim 30$ cm 深度的沙土样中易溶盐含量平均值为 2.367%，$30 \sim 50$ cm 深度的沙土样中易溶盐含量平均值为 0.949%，$50 \sim 70$ cm 深度的沙土样中易溶盐含量平均值为 0.782%。可溶盐含量变化的显著特征是向表土层聚集（表 2-5）。这种现象不仅反映了自早更新世以来莫高窟地区的气候环境向越来越干旱趋势发展，而且反映了现代莫高窟地区的气候环境也是以干旱、蒸发浓缩作用占优势的特点。

表 2-5 莫高窟窟顶戈壁滩 $0 \sim 70$ cm 深度地层可溶盐含量　　　　单位：%

编号	采样地点	$0 \sim 10$ cm 深度	$11 \sim 30$ cm 深度	$31 \sim 50$ cm 深度	$51 \sim 70$ cm 深度	pH值
1	九层楼顶西南 100 m	1.780	1.998	0.474	0.095	$7.85 \sim 9.77$
2	九层楼顶西南 700 m	1.169	0.640	0.145	0.477	$8.13 \sim 9.18$
3	九层楼顶西南 1 100 m	9.187	4.462	2.230	1.775	$8.45 \sim 8.65$
3 个采样点平均值		4.052	2.367	0.949	0.782	8.67

2.2.3 崖体结构面特征

莫高窟经历了 1 600 多年的风雨沧桑，洞窟地层更是经历了新构造运动的影响和地球外营力作用的影响以及人类活动产生的影响，使得洞窟崖体产生了一系列节理、裂隙等结构面。这些结构面的存在和组合发展，对莫高窟洞窟崖体的稳定性起着决定性作用。

2.2.3.1 构造裂隙结构面

莫高窟洞窟地层构造裂隙沿崖面由南到北每隔5～20 m就出现一条,与崖面大角度相交,虽然呈闭合状,但往往成为平行崖面卸荷裂隙和层面裂隙延伸的终止边界,也是形成崖体危岩块体的侧向切割面。构造裂隙的产状与三危山新构造运动产生的逆冲断层的产状基本一致,裂隙走向NE45°～60°,倾向315°～330°,倾角60°～85°,一般呈闭合状。

构造裂隙由新构造作用而形成,是在构造节理的基础上发展而来的,由于构造裂隙形成时间较早,被洞窟内壁画地仗所覆盖,仅在少数几个洞窟内有所出露,裂隙面平顺,可切过砾石,无剪切迹象,受洞窟开挖后窟顶张力区的影响,使得裂隙有微小发展,也使覆盖裂隙的地仗层呈现拉开现象。

2.2.3.2 层面裂隙结构面

莫高窟洞窟地层基本呈水平状,层理不甚清楚,但是当崖体地层中夹有砂岩透镜体或粗砾岩夹层时,层面胶结很差,即可构成水平状层面裂隙。这种层面裂隙在南区96窟第三层到444窟一线最为典型。该部位有一砂岩夹层,砂岩风化后退形成了一个明显的台坎,洞窟窟顶深入此层位时,由于层面裂隙的存在,窟顶出现超挖或沿层面裂隙剥落,覆斗形拱顶即转变成了平顶。这种裂隙对窟顶的稳定性有明显的影响。

2.2.3.3 纵张裂隙结构面

纵张裂隙是洞窟开挖后窟顶岩体缓慢下沉,在洞口拱顶部位形成的小型张性裂隙。其特征是规模很小,下宽上窄,沿洞轴方向展布,在崖面向上和向洞内3～5 m即尖灭消失。纵张裂隙发育数量和规模都比较少,对洞窟的稳定性影响很小。

2.2.3.4 卸荷裂隙结构面

莫高窟崖体由洪水冲刷形成后,崖面岩体在重力长期作用下向临空方向卸荷回弹,形成与崖壁平行的张性卸荷裂隙,张开度一般在2～3 mm,最大张开度在15～20 mm(如244、245、283窟),由沙砾充填。卸荷裂隙多切过洞窟两壁、洞顶和洞底,走向与崖面基本平行,在比较陡的崖体段,一般有1～2条卸荷裂隙,有时可出现3条,裂隙间距2～3 m,倾角60°～90°不等,多数倾向崖面外。卸荷裂隙在莫高窟九层楼北部四层洞窟分布的区段比较发育,也就是二层276窟至292窟区段,三层434窟至455窟区段。卸荷裂隙大多切过二、三、四层洞窟,切穿了崖面高度的四分之三,切深在15～20 m,延伸长度在12～20 m,最大延伸长度45 m。卸荷裂隙是对洞窟及崖体稳定性影响最大的裂隙结构面。

2.3 地质环境对莫高窟的影响

由大泉河冲洪积和再冲刷形成的河谷崖体，为莫高窟建造提供了地形条件，既不坚硬又不松散的第四纪沙砾岩，为洞窟开凿提供了适宜的地层条件，这就是莫高窟在大泉河左岸选址建设的主要因素。

富含云母的三危山岩石在太阳直射下，尤其是在雨后天晴的阳光照射下，山体呈现出金光闪烁的奇特景象，为莫高窟选址建设增添了传奇的景观色彩。

据勘查和考古研究发现，三危山深谷有25处（约0.3 km²）开凿彩色岩矿的遗迹，证实了敦煌群岩体和侵入体中不同色调的岩石为莫高窟壁画和雕塑制作提供了天然矿物颜料。

切穿三危山、长年不断、源远流长的大泉河，养育了戈壁沙漠区难得一见的微小绿洲带，为莫高窟生态环境奠定了自然资源基础，为坚守、建设、发展、保护、传承莫高窟遗产的人们提供了不可或缺的水源条件。

3　莫高窟景观环境

莫高窟文化艺术殿堂令人神往，不论你以何种方式抵达敦煌前往莫高窟，都要驶离邻近莫高窟的国道G314，进入莫高窟专用道路（文化路）由北向南驶向目的地。首先映入眼帘的是窟区北部浩瀚的戈壁滩，然后抬头远眺，左前方是雄伟壮观的三危山，右前方是蜿蜒起伏的鸣沙山，正前方可见一片小绿洲。这就是莫高窟周围独特的自然景观。

进入窟区参观，你可以领略经过加固工程或保持原状的洞窟崖体景观，欣赏洞窟群体、单体建筑文化遗产景观，欣赏博大精深的石窟艺术。

3.1　莫高窟周边自然景观

莫高窟及其周边的景观环境特色主要表现为广袤的荒漠景观，包括岩漠、砾漠、戈壁、沙漠。窟区东边有古老岩层隆升形成的巍峨挺拔的三危山，西面有风积形成的蜿蜒起伏的鸣沙山，南面有发源于祁连山区的大泉河切穿三危山形成的河谷地貌，北面是河流出山口沉积形成的洪积扇及戈壁滩。可谓一山（三危山）、一沙（鸣沙山）、一戈壁（千佛洞戈壁），紧紧包围着一条小河流（大泉河）和一片小绿洲（窟区绿洲）。

莫高窟的自然景观是地球内、外应力综合作用的结果，这些作用主要是地壳运动、基岩隆起、三危山振荡上升，各种外应力风化侵蚀综合作用，造就了坚韧挺拔的山峰。伴随着三危山隆升，相对沉降的敦煌盆地接受了大量由洪水搬运来的松散堆积物。莫高窟正好处在三危山隆升与敦煌盆地下降的过渡地带，大泉河穿越三危山后水流速度变缓，携带的沙砾石在这里沉积。由于第四纪不同时段地壳的振荡性升降运动和间歇性的沉积作用，加上大泉河洪水的冲刷、改道，便形成了以中更新统砾岩为主、晚更新统沙砾石为辅的地层陡坎，为莫高窟洞窟开凿提供了有利地层和地形条件。

3.1.1 莫高窟东面的三危山

三危山的隆起继承老构造体系，是喜马拉雅造山运动的产物。它的景观表现在山脊景观、山体景观和山前洪积群景观。山顶主要岩体是云母石英片岩和花岗岩，呈尖棱状，山脊线高低起伏，绵延数十公里，海拔高度在1 500～1 800 m，相对高差300～500 m。从莫高窟九层楼向正东方瞭望，可见坐落在三危山之巅的老君堂、观音庙、南天门几处景点都在一条直线上，反映了选址上的独具匠心。

三危山的山体具有粗狂雄健的气势，山岩主要由前震旦系"敦煌群"（AnZdn）组成，平行于山脉走向，断裂、裂隙发育（图3-1a），北面山坡纵比降大，发育的沟谷大多呈"V"字形（图3-1b），切割深度在60～80 m。

a.三危山地层地势景观　　　　　　　　　　b.三危山沟谷景观

图3-1　三危山地层地势景观和沟谷景观

三危山前北坡脚下是基岩山区与平原盆地分界的断裂带，也是大小冲沟出山口的部位，暴雨洪水的冲刷、搬运、沉积作用，在山前形成了波浪起伏的洪积群景观，以10%～20%的坡度由南向北倾斜，海拔高度在1 100～1 400 m。

在敦煌盆地南部或进入莫高窟地区的任何一处开阔地，都能看见巍峨壮观、绵延数十公里的三危山。三危山的景观特色主要表现为岩石裸露，奇峰耸立，山势陡峻，沟谷幽深；含有云母矿物的岩体表面，在雨后阳光直射下，可出现闪闪发光的奇特景象，使游客产生强烈的视觉冲击力。

3.1.2 莫高窟西面的鸣沙山

莫高窟的西面或西南面分布有敦煌著名的鸣沙山，它从这里向西连续延伸到党河水库，是库姆塔格沙漠的组成部分，形成于晚更新世晚期，是气候逐渐干旱化的产物。鸣沙山经历长期的风蚀沙化作用、风吹再造，形成了各种形态奇特的沙山地貌

（图 3-2a、b）。鸣沙山海拔高度一般在 1 300～1 550 m，最高处海拔达 1 600 m，相对高度大于 120 m。鸣沙山基底由不同地质时期的岩层组成，沙漠的颗粒主要为细沙和中沙，分选性好，主要成分为石英、长石、角闪石和少量云母。

敦煌极度干旱的气候造就了极度干燥的沙漠沙粒。当人们行走在进三步、退两步的绵绵沙山，脚下可发出嚓嚓响声，尤其在沙山比较陡的坡体，大面积的干燥沙粒下滑时能发出轰鸣的摩擦声，故将敦煌的沙山称为鸣沙山。

a.鸣沙山景观（一）　　　　　　　　b.鸣沙山景观（二）

图 3-2　鸣沙山景观

3.1.3　莫高窟南面的大泉河

大泉河是莫高窟地区唯一的一条河流，它发源于祁连山分支山脉野马山区，流经一百四戈壁滩、大泉、大拉牌、小拉牌、旱阶子、石阶子、成城湾、莫高窟、茶房子，最后在莫高镇五墩一带汇入党河，流域面积 1 114.6 km²，河道总长度 64 km，从潜水出露的大泉、条胡子泉至莫高窟河段长 15.5 km。虽然大泉河流量很小，但它是一条典型的常年性内流域河流，流量变化幅度大，多年平均径流量 240.9×10⁴ m³，百年一遇的洪峰流量高达 450 m³/s。由于莫高窟地区气候属极干旱沙漠戈壁区，蒸发浓缩作用占绝对优势，导致大泉河流量自上游汇流以后，随着流程的增加流量因蒸发消耗逐渐变小，尤其是夏季炎热天气，17:00 到 20:00 大泉河水量的 80% 被蒸发消耗。随着蒸发浓缩水量的减少，河水矿化度逐渐提高，由上游汇流区的矿化度 1 500 mg/L 变为下游河段的 2 300 mg/L 左右。

大泉河虽然流量小、变幅大，但它以柔克刚，切穿了三危山石质岩体，形成了河流峡谷地貌（图 3-3a），尤其是沿河谷地带哺育了胡杨、柽柳、旱芦苇、罗布麻等特色植物带，并且在河流出山口后，在莫高窟前养育了微型绿洲，特色植被与极干旱的荒漠景观形成了十分显著的反差（图 3-3b）。

a.大泉河河谷地貌景观　　　　　　　　　　b.大泉河河谷植被景观

图3-3　大泉河河谷地貌景观和植被景观

3.1.4　莫高窟北面的洪积扇

　　大泉河洪积扇处在三危山峡谷出山口地带，是河流出山口比较标准的一个洪积扇。莫高窟所处地貌部位是大泉河洪积扇的顶部，扇面几乎是东、西两侧相对称且向正北方向展开，扇的前缘在新店台-五墩-文化路口一带尖灭，洪积扇分布面积约210 km²（图3-4）。

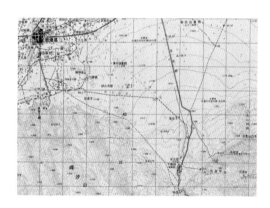

a.大泉河洪积扇地形图　　　　　　　b.大泉河洪积扇实景图（孙志军　摄）

图3-4　大泉河洪积扇地形图

　　从纵向来看，洪积扇扇顶到前缘延伸长度大约16 km，扇顶海拔高度1 380 m左右，前缘海拔1 110 m，纵坡比降1.68%。从横向看，洪积扇左边缘到右边缘最大宽度也是大约16 km，中心轴线一带海拔较高，两侧逐渐降低，地面高度也具有较好的对称性。

　　洪积扇地面呈戈壁荒漠景观，由于地处莫高窟的北部，俗称千佛洞戈壁（图3-5）。在洪积扇的顶部和中上部沙砾石颗粒较粗，向北部沙砾石颗粒逐渐变小变细，到冲积扇前缘新店台-五墩-文化路口一带，地表层为粉土或砂壤土。由于该洪积扇的中下部地带分布有佛爷庙墓群和新店台墓群，据考古推测这些墓群是魏晋时期的古墓，是我国重要的文物保护对象，是莫高窟文物保护的组成部分。因此，大泉河洪积扇的大部分面积被划分为莫高窟文物保护范围。

图3-5　千佛洞戈壁地貌

3.2　莫高窟景观

3.2.1　洞窟崖体景观

　　莫高窟的洞窟崖体分南区和北区两个部分，总延伸长度1 680 m，现存洞窟总数735个。其中南区洞窟崖体长度约996 m，保存有洞窟486个，彩塑2 400多个，壁画约4.5万 m²。北区崖体长度约684 m，分布着249个洞窟，这些洞窟是古代僧侣修行、居住、瘗埋（掩埋）的场所，内有修行和生活设施痕迹，仅有6个洞窟中保存有壁画和彩塑。

　　目前呈现在人们眼前的莫高窟洞窟崖体，是经过20世纪60年代和80年代两次较大规模的加固工程后形成的洞窟崖体景观。当年的加固工程主要采用了浆砌块石和钢筋混凝土重力挡墙，以防止崖体沿卸荷裂隙向外滑移和倾倒，用钢筋混凝土梁柱支顶外悬崖体，有效防止了洞窟前室的坍塌剥落，同时对崖体零星的危岩、危石进行了清理，修筑了洞窟文物考察研究、参观浏览的行人栈道。为了尽可能保持加固工程与崖体的协调性，对浆砌块石和钢筋混凝土加固体外部做了沙砾石贴面。尽管加固后的莫高窟崖体改变了洞窟崖体原有的外貌景观，一直受到人们的争议，但它消除了洞窟崖体坍塌的险情，减少了崖体表部砾岩的风化剥落，对洞窟文物的安全和合理利用起到了重要作用。

3.2.2　洞窟崖体景观演变简况

莫高窟洞窟地层由大泉河出山口冲洪积而成，在地貌位置上处于洪积扇的顶部。自新生代以来，地壳上升运动和河水下切作用，形成了莫高窟崖体。崖体剖面的下部地层物质属中更新统（Q_2）酒泉砾岩，上部地层属晚更新统（Q_3）沙砾石层。由地质年代表推断，莫高窟崖体形成于晚更新世的后期，距今约12 000年。在莫高窟开凿以前，当地地形完全属于未受人为干扰的自然景观。

自秦建元二年（公元366年）佛教徒在三危山下的大泉河西岸开凿洞窟以来，莫高窟的人文景观便镶嵌在自然景观之中，到北魏时期，敦煌比较安定，百姓安居乐业，佛教随之盛行，在莫高窟开凿出了13个洞窟。

隋朝的建立，给敦煌带来了南方的文化和习俗，南北汉文化在敦煌融为一体，使敦煌的文化更加富有明显的特色，短短的几十年，在莫高窟开凿了77个洞窟，且规模宏大，壁画和彩塑技艺精湛，同时并存着南北两种截然不同的艺术风格。

唐朝初期，在河西设肃、瓜、沙三州。河西全部归唐所属。唐代的敦煌同全国一样，经济文化高度繁荣，佛教非常兴盛，莫高窟开窟数量达1 000余窟，保存到现在的有232个洞窟。安史之乱以后，唐王朝由鼎盛开始走向衰落，从此一蹶不振。

在西夏统治敦煌的一百多年间，由于重视经济发展，使敦煌保持着汉代以来民物富庶，与中原不殊的水平。西夏统治者崇信佛教，不排斥汉文化，至今莫高窟保存着大量丰富而独特的西夏佛教艺术文物，举世闻名的"敦煌遗书"即在西夏统治时期（公元1036年）封藏于莫高窟第17窟内。

1227年，蒙古大军灭西夏，攻克沙州等地，河西地区归元朝所有。元朝统治者也崇信佛教，莫高窟的开凿得以延续，现存元代洞窟约10个。随后使原始完整的大泉河西岸崖体逐渐变成了拥有700多个人工开凿石窟的洞窟崖体。历经1 600多年的风吹水蚀作用，石窟崖体发生过多次坍塌，使崖体后退1~2 m。大部分洞窟的前室坍塌为残垣断壁就是有力的证据（图3-6a、b）。

a.20纪60年代以前的洞窟崖体　　　　　　　　　　b.20世纪40年代的洞窟崖体

图3-6　莫高窟洞窟崖体景观

　　新中国成立后，为防止莫高窟洞窟崖体继续坍塌损坏，文物保护工作者对莫高窟危岩坍塌段开展了试验性加固；1963—1966年，开展了较大规模的石窟崖体加固工程，即1、2、3期加固工程，采用浆砌石挡墙支挡的方法加固崖体总长576 m，洞窟354个；1984—1987年，又对莫高窟南段崖体进行了第4期加固工程，加固崖体长度172 m，洞窟26个。

　　由于莫高窟北区洞窟保存有壁画、塑像的洞窟仅有6个，2004年加固时采取了锚固、灌浆和防风化措施加固，洞窟崖体仍呈现原有的景观（图3-7a、b）。已实施的几期加固工程均位于南区，总共加固崖体长度为798 m，洞窟407个，占洞窟总数的82%。

a.莫高窟北区洞窟崖体（一）　　　　　　　　　b.莫高窟北区洞窟崖体（二）

图3-7　莫高窟北区洞窟崖体

加固工程的实施极大地改变了原有的崖体景观，将原始洞窟镶嵌于自然崖体中的景观改变成了由混凝土挡墙支挡的具有规则洞窟门的直立附加建筑物。虽然在挡墙的表部进行了砾石贴面，但依然与原始崖面具有很大差别（图3-8、图3-9）。

图3-8　加固后的莫高窟崖体景观（一）　　　图3-9　加固后的莫高窟崖体景观（二）

3.2.3　主要单体建筑景观

（1）九层楼

在许多媒体上查阅介绍莫高窟的页面（网页），首先给人们的重要景观印象就是莫高窟的标志性建筑——九层楼（莫高窟第96窟），也称大佛殿，窟内塑像是莫高窟最大的一尊倚坐弥勒佛像。九层楼高约45 m，窟内石胎泥塑佛像高34.5 m。

96窟这尊高大的倚坐弥勒佛像是武周时期建造的。这尊弥勒佛像修建时，外面的木质建筑为四层，到五代以后大佛曾经塌毁，经重修大体保持了原造像的身体比例，并把外部依附的木构建筑由四层改为五层。到了清代光绪年间，因大佛殿年久失修，毁坏严重，大佛塑像暴露，为此重修了五层楼。到了1928年，人们筹措资金，再次重修了大佛殿，将原来的五层改为九层，一直到1935年修建完毕。1988年，人们对九层楼又进行了维修，竣工后的大殿，九层飞檐依山而立，兽鸱伏脊，层覆垒叠，异峰突起，巍峨绮丽，蔚为壮观（图3-10）。经过多次重修，粉饰一新的九层楼以良好的视觉冲击力吸引着来自世界各地的游客，成为人们参观莫高窟摄影留念的首选景观。

（2）牌坊

窟区现有保存完好的牌坊有三处：一是位于窟区中部大泉河左岸的大牌坊，它是游客通过大泉河桥梁进入洞窟参展区的必经之地，也是人们选择摄影留念的重要景点（图3-11）；二是位于莫高窟洞窟崖体前大约15 m的小牌坊，它与洞窟前的围栏连为一体，是游客进入洞窟参观的检票口，也是游客选择摄影留念的主要景点（图3-12）；三是坐落在138窟前延伸位置的一座小牌坊，作为进入该洞窟的门楼，它是莫高窟所有洞窟前唯一的一座牌坊（图3-13）。

图3-10　莫高窟九层楼

图3-11　莫高窟大牌坊

图3-12　莫高窟小牌坊

图3-13　莫高窟138窟前的牌坊

（3）慈氏塔

慈氏塔为北宋早期建筑，原建在三危山老君堂山巅，周围尽是石山秃岭，不便保护与管理，游客参观难以达到，故于1981年由敦煌文物研究所与敦煌县博物馆派人勘查后，将慈氏塔完整搬迁到了莫高窟前园林空地中，以利于保护和参观。慈氏塔木构八角单檐，攒尖顶，精巧玲珑如亭，总高约6 m，塔中部为土坯砌塔室，外绕柱廊有八柱，塔壁八面，正面开方门，门上画有方匾，上书"慈氏之塔"。塔室内壁画有文殊、普贤。塔壁与檐柱之间除正面外，各面均砌水台，台壁以飞马纹、龙纹、凤纹花砖贴砌，四面小台上泥塑天王各一尊，三正面壁画天王像。塔刹为八角形简单须弥座，上承复钵和七重相轮及华盖、宝珠，皆木制刷土色。慈氏塔保存了1 000多年尚很完整，实属罕见（图3-14）。

（4）成城湾华塔

成城湾华塔位于莫高窟以南约2 km成城湾大泉河左岸小山岗上，为宋代早期所建，塔高约9 m，平面投影为八角，每面底宽1.65 m，底部直径约4 m，塔体由土坯砌成，外表抹泥及浮塑各细部（图3-15）。塔基最下部是简单的台基，台基上叠用两层须弥座，须弥座的下部有覆莲。塔身收分显著，八棱各塑做小八角柱，下有覆莲柱基，上有阑额。塔顶总轮廓为锥形体，塑莲瓣七层，下层莲瓣较大，形象较复杂，愈上愈渐缩小并简化。极顶八角台座上又立有小方塔一座，只存塔身，顶部风化毁损。

图3-14　位于窟区园林中的慈氏塔

图3-15　成城湾华塔

（5）舍利塔

莫高窟现存舍利塔19座，为土坯砌筑而成，大小、形状有别，大多分布在莫高窟洞窟崖体对面的大泉河右岸阶地上，年代比较早的是五代和宋代所建的舍利塔，最晚是民国时期（1931年）为守护莫高窟发现藏经洞的道士王园箓所建的舍利塔（图3-16）。

图3-16　莫高窟的舍利塔

3.2.4 莫高窟小绿洲

莫高窟有一个显著的景观特征是洞窟崖体前面的一片绿洲，它是石质岩漠、戈壁砾漠、流动沙漠夹缝地带顽强生长的绿色植物，与周围极度干旱的环境形成明显的反差，对人的视觉产生强烈的冲击。养育这片绿洲的就是发源于祁连山区，潜流经过一百四戈壁滩，穿越三危山，流经莫高窟的小河流——大泉河。

莫高窟小绿洲总面积约28 hm²（420亩），除去窟区道路和建设用地，窟区实际绿化面积24.5 hm²（367.5亩），其中大泉河左岸（西岸）洞窟崖体前绿化面积12.02 hm²（180.3亩），东岸办公区绿化面积12.50 hm²（187.5亩，图3-17）。

图3-17 大泉河谷的小绿洲

莫高窟小绿洲的植物组成有野生植物和人工种植植物。野生植物主要是耐盐、耐旱的植物群落，如红柳、胡杨、梭梭、麻黄、白刺、盐穗木、骆驼刺、苏枸杞、艾蒿、黄花、芨芨草、厚穗滨草等。人工种植的植物主要以杨树、柳树、沙枣、槐树、柏树为主，还有以苹果、梨树为主的小园林，构成了莫高窟的小型沙漠戈壁绿洲。

3.3 莫高窟景观特性

3.3.1 景观类型

根据对莫高窟景观的初步认识，莫高窟保护区景观可分为地文景观类、古迹与建筑类、生物景观类、商铺购物类四种，地文景观类包括三危山、鸣沙山、戈壁滩、洪积扇、大泉河河谷地貌等；古迹与建筑类主要包括石窟壁画、彩塑、牌坊、石窟屋檐、舍利塔、窟区办公用房、陈列中心建筑、大泉河桥梁、停车场、职工宿舍等；生物景观类主要包括窟区林带、沙漠野生植物及动物；商铺购物类包括窟区的商铺、餐厅。窟区景观分类表见表3-1，景观照片前面已述，图3-18至图3-27为莫高窟部分景观。

表3-1　窟区景观分类表

一级分类	二级分类	景观名称	景观特性
自然型	地文景观	三危山、鸣沙山、戈壁滩、洪积扇、大泉河河谷	典型干旱区荒漠景观；其地貌类型有岩漠、砾漠、沙漠，山前洪积扇等
	生物景观	大泉河湿地、胡杨林、荒漠生态、天然绿地	植物伴随河流而存在，所占面积很小，反差强烈，属极干旱区典型荒漠植被景观
人文型	古迹与建筑景观	古迹：壁画、彩塑、牌坊、石窟屋檐、舍利塔建筑景观：房屋建筑、大泉河桥梁、停车场等	技艺精湛，内涵博大精深，令人叹为观止的世界文化遗产和现代人工建筑景观
	生物景观	窟区林带、人工绿洲、园林	窟区林带是自然林带与人工绿化带的结合
	购物类景观	窟区的商铺、餐厅	为游客提供方便的购物及就餐环境

图3-18　大泉河湿地景观

图3-19　莫高窟南部胡杨林

图 3-20　莫高窟北戈壁荒漠生态

图 3-21　大泉河天然绿地

图 3-22　莫高窟大泉河桥景观

图 3-23　莫高窟售票处及舍利塔景观

图 3-24　莫高窟保护陈列中心景观

图 3-25　莫高窟的停车场

图 3-26　莫高窟的餐厅

图 3-27　莫高窟的商铺

3.3.2　景观的敏感度

景观敏感度评价主要是针对人文景观、古迹建筑类及生态景观,即洞窟崖体、窟区绿地和小绿洲等进行景观敏感度评价,主要的判别指标为视角、相对距离、视见频率及景观醒目程度。莫高窟景观敏感度评价表见表 3-2。

表 3-2　莫高窟景观敏感度评价表

评价指标		评价项目			
		古迹(壁画、舍利塔等)	窟区绿地	河道景观(桥、河堤)	房屋建筑
视角	特征值	>45%	>45%	30%～45%	>45%
	敏感度	极敏感	极敏感	很敏感	极敏感
相对距离	特征值	<400 m	400～800 m	800～1 600 m	<400 m
	敏感度	极敏感	很敏感	中等敏感	极敏感
视见频率	特征值	>30 s	10～30 s	5～10 s	10～30 s
	敏感度	极敏感	很敏感	中等敏感	很敏感
景观醒目程度	特征表述	对比度高	对比强烈	对比度高	对比度高
	敏感度	很敏感	极敏感	很敏感	很敏感

由表 3-2 可以看出,评价项目大多为极敏感或很敏感景观,应给予高度重视。

3.3.3　景观阈值

由于莫高窟景观存在很敏感和极敏感点,因此需要对它们进行阈值评价,从而作为景观保护和建设规划的基本依据。莫高窟整体景观及敏感景观阈值评价见表 3-3。

表3-3　莫高窟景观相对阈值评价表

名称	舍利塔、壁画	窟区绿地	河道、房屋	绿洲园林	荒漠戈壁	陈列中心	办公房屋
阈值	低	较高	高	较高	较高	中	中

由表3-3可以看出，莫高窟地处大漠之中，其整体地貌景观视觉冲击力较高，因此阈值较高。而舍利塔、洞窟壁画及彩塑为孤立景观，抗外界干扰能力低，其阈值低，应作为保护重点。

3.3.4　景观美学特征

采用HJ/T6-94《山岳型风景资源开发环境影响评价指标体系》中的景观指标分级标准及评价计分（表3-4、表3-5），对莫高窟现有景观进行景观美学评价。

表3-4　景观美学评价计分表

景观美学评价指标	最高记分	指标分解
形态	40	体量:25;体态:15
线形	30	近景:15;中景:10;远景:5
色彩	20	色相:10;明度:10
质感	10	
合计	100	

表3-5　景观美学评价分级标准表

评价分级	4级(差)	3级(一般)	2级(美)	1级(很美)
记分范围	<60	60~75	76~90	>90

莫高窟地处沙漠戈壁之中，其主色调以沙漠土黄色、戈壁灰色为主，窟区建筑应该以这两种颜色做参考，其外形质感应为沙质或石质；各类建筑物的体量以不遮挡莫高窟为前提，确保莫高窟远景观望不受影响，且主线性以自然曲线为主。

据此，景观美学评价结果见表3-6。

表 3-6　莫高窟景观美学评价结果

指标评分	窟区栈道	窟区绿化	河道景观	房屋建筑
形态	31	38	35	30
线形	22	28	23	21
色彩	9	19	16	15
质感	7	10	8	8
合计	69	95	82	74
评价等级	3级（一般）	1级（很美）	2级（美）	3级（一般）

　　由表3-6可以看出，除窟区绿化的景观美学评价达1级，其余景观如房屋建筑和窟区栈道均与窟区景观不太协调。

4 气候环境

气候环境对于石窟的长久保存极为重要，莫高窟精美绝伦的壁画之所以能够存续千年，一方面是因为历朝历代佛教信仰者不断的维护，另一方面就是得益于干旱少雨的气候。本章将从石窟所处地区气候特征、影响石窟长久保存的相关常规气象因子、风沙运移规律以及空气质量等方面论述和评价气候对石窟保存的影响。

4.1 气候特征

莫高窟地处中国西北内陆腹地，属于极为干旱的戈壁荒漠地带，长年受蒙古高压的影响，总的气候特征为降水稀少，蒸发强烈，日照长，温度变化显著，夏季炎热，冬季寒冷以及风沙活动频繁。自1988年中日合作保护莫高窟项目开始用全自动气象观测仪进行莫高窟的气象观测以来，窟区的气象资料从1990年开始形成了多年的连续序列，具有很好的实用价值。在这之前窟区的气象资料仅有1962—1965年简易气象站的观测资料，长序列的气象资料大多都引用距莫高窟25 km的敦煌气象站的数据资料。

4.2 常规气象因子

据敦煌气象站1961—2005年观测资料，敦煌市多年平均气温9.3 ℃，平均年降水量39.9 mm，蒸发量2486 mm，蒸降比为62。年降水主要集中在6—8月，约占全年降水量的75%。敦煌地区大风和沙尘天气频繁，常年多东风和西北风，4—9月以东风为主，10月至次年3月西北风频繁，一般风力2～4级，最高达11级；年平均风速2.2 m/s，最大风速可达30 m/s，全年8级以上大风天气平均出现15～20次。平均无霜期140～150天，多年冻土层深度在1.4 m左右。

气象站跟美国盖蒂保护研究所合作后，双方商定在九层楼崖顶戈壁设立全自动气象观测站，从1990年开始逐渐积累了窟区的气象资料序列。据此气象站观测数据统计，窟区多年平均气温为11.33 ℃，年均降水量为39.86 mm，年均蒸发量高达4 347.9 mm。蒸发量大约是降水量的109倍，由此可见，强烈的蒸发作用是该区降水资源难以得到有效利用的最大障碍，也是窟区气候的主要特征之一。

将1990—2021年窟区实测气象序列资料与敦煌站气象资料进行比较（表4-1），可以看出窟区和敦煌站的多年平均气温依次为11.33 ℃和9.96 ℃，窟区气温比敦煌站高出1.37 ℃，湿度远低于敦煌站，两者多年平均相对湿度相差达13.39%；窟区年均降水量为39.86 mm，比敦煌站少4.66 mm；多年平均风速高达4.19 m/s，远远高于敦煌站的1.88 m/s。总体而言，和敦煌站相比，窟区呈现出明显的气温高、风速大、降水少、湿度低的特点，两者显著的气候差异与其所处的地貌及下垫面的不同密切相关。

表4-1　窟区与敦煌站气象要素表（1990—2021年）

站名	多年平均气温/℃	最热月平均气温/℃	最冷月平均气温/℃	年均相对湿度/%	年均降水量/mm	多年平均风速/m·s⁻¹
窟区	11.33	26.67	−7.43	28.34	39.86	4.19
敦煌站	9.96	25.80	−8.00	41.73	44.52	1.88

4.2.1　气温

窟区全年气温呈典型的"单驼峰型"变化（图4-1），全年最热月为7月，多年均值为26.7 ℃；最冷月为1月，多年均值为−7.43 ℃。从季节上看，夏季气温最高，波动幅度最小，多年均值为25.5 ℃，波动范围为23.8～25.8 ℃；春季和秋季气温居中且相近，均表现出温度波动幅度大的特点，春、秋两季多年均值依次为12.97 ℃和11.05 ℃，变化幅度分别高达13.4 ℃和17.5 ℃；冬季气温最低为−4.68 ℃，整个冬季气温均在0 ℃以下。

从气温的年际变化（图4-2）来看，整体上窟区气温明显高于敦煌市区，两者的波动模式呈现出较好的一致性。近三十多年窟区和敦煌市区的年均气温变化倾向率分别为0.25 ℃·(10 a)⁻¹和0.31 ℃·(10 a)⁻¹，窟区年均气温通过了0.05的显著性检验，敦煌市区年均气温通过了0.001的显著性检验，说明多年来窟区和敦煌市区气温均趋于上升，且相对而言敦煌市区气温的上升趋势更加明显。

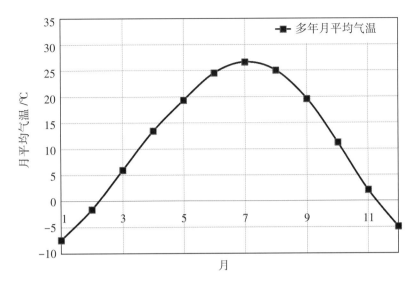

图4-1　窟区气温的年内变化曲线（1990—2021年）

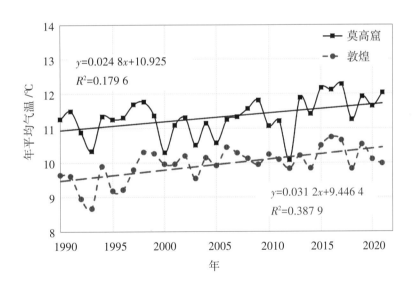

图4-2　窟区与敦煌市区多年气温变化趋势（1990—2021年）

　　从气温的季节性变化来看（表4-2），窟区四季气温均高于敦煌市区，多年四季气温的变化趋势与年均气温一致，均呈上升趋势，其中春、夏季气温的上升趋势达到非常显著的水平，而秋、冬季的气温上升趋势尚未达到显著水平。同样，敦煌市区四季气温除冬季表现出不显著的下降趋势外，其余三季均表现出显著的上升趋势，其中夏季增温速率最快，高达$0.62\ ℃\cdot(10\ a)^{-1}$，达到了极其显著的水平。上述现象说明近年来窟区和敦煌市区春、夏季的气温上升非常迅速。

表4-2   窟区和敦煌市区气温多年均值和线性倾向率（1990—2021年）

时段	多年均值 /℃		线性倾向率 /℃·(10a)⁻¹	
	窟区	敦煌市区	窟区	敦煌市区
全年	11.33	9.96	0.25*	0.31***
春季	12.97	10.97	0.56**	0.38**
夏季	25.50	24.57	0.31**	0.62***
秋季	11.05	9.34	0.25	0.29*
冬季	-4.68	-5.04	0.19	-0.02

注：***表示极显著水平（$P<0.001$），**表示非常显著水平（$P<0.01$），*表示显著水平（$P<0.05$）。

4.2.2   相对湿度

由图4-3可知，窟区年内相对湿度大体呈"W"形变化，最高月均值为46.2%，出现在1月，最低值出现在5月，为20.3%，全年4—10月相对湿度波动幅度较小，变化范围为20.3%～25.6%，处于全年低谷期。从季节来看，整体表现出由春季至冬季相对湿度递增的现象（表4-3）。这是因为冬季气温低，饱和水汽压低，导致冬季相对湿度高；而夏季恰恰相反，由于夏季温度最高，饱和水汽压在四季中最大，造成夏季相对湿度较低。

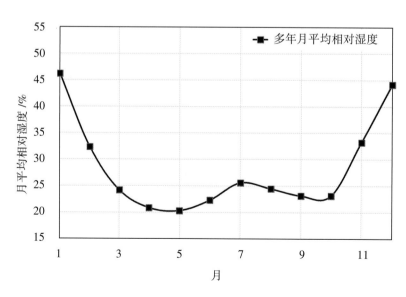

图4-3   窟区相对湿度的年内变化曲线（1990—2021年）

表4-3   莫高窟和敦煌相对湿度多年均值和线性倾向率（1990—2021年）

时段	多年均值 /%		线性倾向率 /%·(10 a)⁻¹	
	窟区	敦煌市区	窟区	敦煌市区
全年	28.34	41.73	1.81*	−2.19***
春季	21.81	30.43	−0.45	−3.22***
夏季	24.12	40.92	3.41***	−3.17***
秋季	26.53	46.21	2.28*	−1.75*
冬季	40.52	49.31	1.43	−0.52

注：***表示极显著水平（$P < 0.001$），**表示非常显著水平（$P < 0.01$），*表示显著水平（$P < 0.05$）。

近年来窟区多年平均相对湿度为28.34%，而敦煌市区为41.73%，两者相差13.39%，据图4-4可知，与窟区气温高于敦煌市区气温相对应，多年来窟区相对湿度明显低于敦煌市区，两者均呈锯齿状波动，且局部波动规律趋于一致，但两者的长期变化趋势并不相同。具体地，近三十多年来窟区相对湿度呈显著上升趋势，变化倾向率为1.81%·(10 a)⁻¹，而敦煌市区相对湿度呈极显著下降趋势，变化倾向率为2.19%·(10 a)⁻¹。

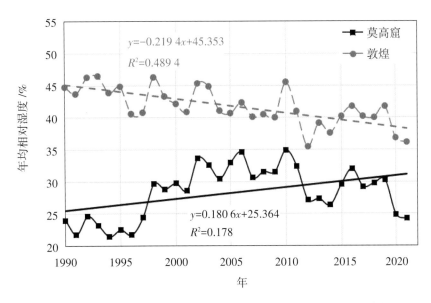

图4-4   窟区与敦煌市区多年相对湿度变化趋势（1990—2021年）

从相对湿度的季节性变化来看（表4-3），窟区四季相对湿度均低于敦煌市区，窟区相对湿度除春季表现出微弱的下降趋势外，其余三季变化趋势与年均相对湿度一致，均呈上升变化，其中夏季相对湿度上升最快，达到了极显著水平，秋季也表现出显著上升趋势。相对而言，敦煌市区相对湿度的年际变化较窟区更为明显，其春、夏季相对湿度均呈极显著下降，秋季呈显著下降，说明除冬季外，敦煌市区在春、夏、秋三季的相对湿度均下降迅速，这显然与敦煌市区气温在这三季的显著上升强相关。

4.2.3 降水

窟区降水的年内分配特征是变化幅度大、分配极不均匀（图4-5）。降水主要集中在4—9月，占全年降水总量的91.1%。其中以6—8月为显著高峰，7月降水最多，占全年总量的25.6%，6月为17.9%，8月为14.6%，1月和2月最少，所占百分比分别为0.4%和0.7%。从季节上来看，夏季降水最多，春季次之，秋、冬季降水稀少。近三十多年窟区年均降水量为39.9 mm，其中夏季平均降水量23.9 mm，占全年降水量的60%，春季平均降水量11.4 mm，占28.7%，冬季降水最少，平均年降水量不到1 mm，仅占2%（表4-4）。

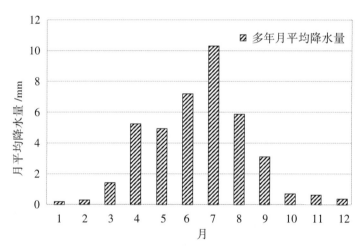

图4-5 莫高窟多年月平均降水量（1990—2021年）

表4-4 窟区和敦煌市区多年年均降水量、线性倾向率和变差系数（1990—2021年）

时段	多年年均降水量 /mm		线性倾向率 /mm·(10 a)⁻¹		变差系数	
	窟区	敦煌市区	窟区	敦煌市区	窟区	敦煌市区
全年	39.86	44.52	1.92	2.87	0.62	0.44
春季	11.43	11.82	2.62	2.54	1.10	0.90
夏季	23.92	24.93	-2.38	0.31	0.75	0.64
秋季	4.35	4.84	0.20	-0.56	1.27	1.10
冬季	0.80	2.90	0.03	0.62	1.32	0.88

造成该区域降水量年内不均匀分配的原因主要是气象因素，冬季该区域主要受西伯利亚-蒙古冷高压控制，导致温度低，晴日多，降水量少；而在夏季，该区域主要受太平洋暖湿气团影响，具有温度高，湿度大，降水量大的特点。这种年均降水量变化率大，季节分配极不均匀的现象反映了典型的沙漠气候特征。

据图4-6可知，1990—2021年窟区和敦煌市区年均降水量呈微弱的增加趋势，两者的变化倾向率依次为 $1.92~\mathrm{mm \cdot (10~a)^{-1}}$ 和 $2.87~\mathrm{mm \cdot (10~a)^{-1}}$。窟区年均降水量极高值出现在 2011 年，为 114.56 mm；极低值出现在 1991 年，为 6.35 mm，年均降水量序列的变差系数 C_v 为 0.62，说明窟区降水量年际变化幅度大且极不均匀。而敦煌市区年均降水量最高值和最低值分别为 88.5 mm 和 11.6 mm，依次出现在 2019 年和 2008 年，其变差系数 C_v 为 0.44，明显低于窟区，说明敦煌市区降水量的年际变化幅度相对较小。

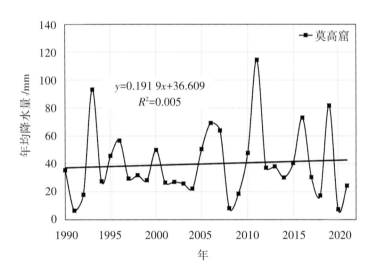

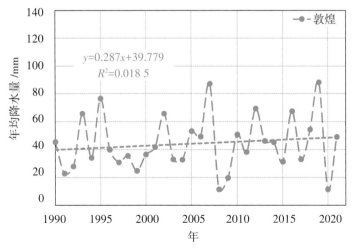

图4-6　窟区和敦煌市区多年年均降水量变化趋势（1990—2021年）

从季节降水量的年际变化趋势来看（表4-4），窟区除夏季降水量呈现出不显著的减少趋势外，其余三季均为不显著增加趋势，其中春季变化速率最大，变化倾向率为2.6 mm·$(10\ a)^{-1}$，其次为夏季，其变化倾向率为2.4 mm·$(10\ a)^{-1}$，秋、冬季降水量的年际变化速率极小，每十年的降水增量不足0.3 mm。与此窟区不同，敦煌市区季节性降水量的变化主要发生在春季，表现为不显著增加，变化倾向率为2.5 mm·$(10\ a)^{-1}$，其余三季降水量的变化倾向率均极小。

此外，窟区四季降水量的变化幅度也明显大于敦煌市区，其四季降水量的变差系数均高于敦煌市区，其中除夏季小于1外，其余三季的变差系数大小相当，均大于1，这说明相对而言，窟区夏季降水量的年际变化幅度最小，春季次之，秋、冬两季降水量年际变幅均较大，表明秋、冬季降水量的偶发性很强。

据气象资料统计，窟区夏季的降水量要占全年降水总量的65%，其他三个季节的降水量只占35%。尽管莫高窟降水较少，但也会有暴雨等一些极端天气，对石窟和较为脆弱的文物造成毁坏。

4.2.4　风速风向

窟区风速在年内呈不规则"M"形变化（图4-7），全年波动幅度不大，最高风速出现在5月，多年均值为4.6 m/s，最低风速出现在12月，多年均值为3.7 m/s；同时，窟区风速呈现出极强的季节差异性，表现为由春季至冬季风速逐渐减小，春、夏、秋、冬四季风速多年均值依次为4.5 m/s、4.3 m/s、4.0 m/s、3.9 m/s。

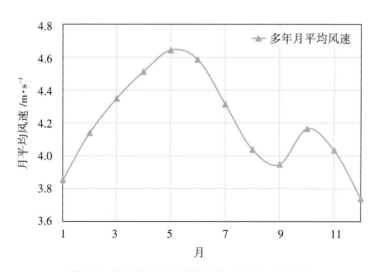

图4-7　窟区风速年内变化曲线（1990—2021年）

与敦煌市区相比，窟区风速表现出风速高、年际波动大的特点。据图4-8可知，近三十多年窟区风速呈现出微弱的下降趋势，下降速率为0.04 m(s·10 a)$^{-1}$，其多年均值为4.19 m/s，比敦煌市区高2.31 m/s，最高风速出现在1990年，最低风速出现在2002年，波动范围为3.38～4.51 m/s。而敦煌市区风速表现为极显著上升，上升速率为0.1 m(s·10 a)$^{-1}$，其多年波动范围为1.55～2.2 m/s。

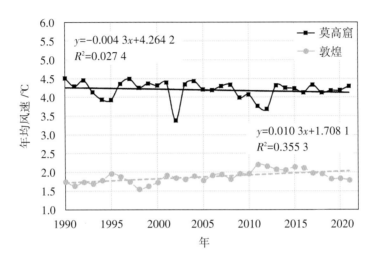

图4-8　窟区与敦煌市区多年风速变化趋势（1990—2021年）

从风速的季节性变化来看（表4-5），窟区风速除冬季表现出极微弱的增大倾向外，其余三季风速与年均风速变化趋势一致，呈微弱下降趋势。与此不同，敦煌市区表现出四季风速均为增大趋势，其中夏、秋两季尤为显著。这说明近年来窟区风速总体趋于减小，而敦煌市区风速则有显著的上升，特别是在夏、秋两季。

表4-5　莫高窟和敦煌市区多年风速均值和线性倾向率（1990—2021年）

时段	多年风速均值 /m·s^{-1}		线性倾向率 /m(s·10 a)$^{-1}$	
	窟区	敦煌市区	窟区	敦煌市区
全年	4.19	1.88	-0.04	0.10***
春季	4.50	2.29	-0.018	0.046
夏季	4.31	1.82	-0.065	0.15***
秋季	4.04	1.55	-0.066	0.12***
冬季	3.91	1.85	0.002	0.069

注：***表示极显著水平（$P < 0.001$）。

窟区的风速和主导风向，与所处敦煌盆地南部边缘地形起伏变化较大这一特定的地貌位置直接相关，再加上大泉河出山口形成的河谷地貌，使得主导风向与河道大体平行。据气象资料统计，莫高窟窟顶主导风向为南风，发生频率为37.5%，其次是东北风和西北风，依次为13.7%和12.1%，西风和东风发生频率仅为9.1%和3.6%（图4-9）。从窟顶各风向的风速来看，南风最多且风力最强劲，其次是东北风，对莫高窟危害最大的偏西风中，西北风最多且其发生大风频率较高。与窟顶相比，窟区风速显著小于窟顶，南风平均风速最大，为1.7 m/s，其余风向平均风速均低于1 m/s，且窟区风速均低于大风风速（5.5 m/s），说明窟区不具备引起沙尘暴的风力条件。由于窟区西侧有石窟群遮挡，西风或偏西风发生频率极低，而东侧为绿化带，造成东风少，总体上窟区以南风、北风及偏东风为主要风向。

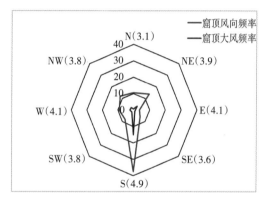
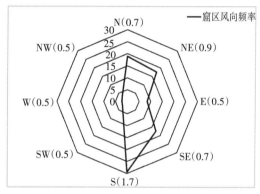

（括号内为各风向平均风速，单位：m/s）

图4-9　莫高窟窟顶（1990—2021年）和窟区（2011—2021年）风向玫瑰图

4.3　大风和沙尘

敦煌地区大风和沙尘天气频繁，风力侵蚀在时间上以冬、春季风蚀量大，夏、秋季风蚀量相对较小，每年3—6月常有沙尘暴发生。

根据水利部公布的《土壤侵蚀分类分级标准》（SL-190-2007）中的风力侵蚀强度分级指标（表4-6）及甘肃省土壤侵蚀遥感调查成果报告，可将莫高窟地区的土壤侵蚀类型及侵蚀强度划分为极强度侵蚀区（三危山、鸣沙山）和微度侵蚀区（窟区绿化带）（表4-7）。

表4-6 风力侵蚀强度分级标准

级别	床面形态 (地表形态)	植被覆盖率(f)/% (非流沙面积)	风蚀厚度(h) /mm·a⁻¹	侵蚀模数(m) /[t/(km²·a)]
微度	固定沙丘、沙地和滩地	$f>70\%$	$h<2$	$m<200$
轻度	固定沙丘、半固定沙丘、沙地	$50\%<f\leq70\%$	$2\leq h<10$	$200\leq m<2\,500$
中度	半固定沙丘、沙地	$30\%<f\leq50\%$	$10\leq h<25$	$2\,500\leq m<5\,000$
强度	半固定沙丘、流动沙丘、沙地	$10\%<f\leq30\%$	$25\leq h<50$	$5\,000\leq m<8\,000$
极强度	流动沙丘	$f<10\%$	$50\leq h<100$	$8\,000\leq m<15\,000$
剧烈	大片流动沙丘	$f<10\%$	$h>100$	$m>15\,000$

表4-7 莫高窟地区风力侵蚀强度分级结果

侵蚀分区	土地类型	面积/hm²	地表形态	植被覆盖率/%	侵蚀级别
三危山、鸣沙山	砾漠、沙漠	>20 000	裸地、沙丘	<5%	极强度
窟区绿化带	绿化、建设用地	28.0	绿地、建设地、河床沙地	>70%	微度

根据上述标准和分级结果，通过实地调查分析，并参考同类地区已批复的相关水土保持报告，可确定鸣沙山区的侵蚀模数背景值为12 000 t/(km²·a)，窟区绿化建设区的侵蚀模数背景值为150 t/(km²·a)。

敦煌是甘肃省沙尘天气出现最多的站点，同时也是强沙尘暴的高发区。2017年的统计资料显示，建站以来敦煌共计出现3116个沙尘日，平均每年出现46.5天，且具有明显的季节性差异，春季最多，秋季最少。不同天气条件下TSP（总悬浮颗粒）质量浓度存在量级差异，由浮尘至沙尘暴，TSP质量浓度显著上升。敦煌地区平均TSP质量浓度高达374.5 µg·m⁻³（2001—2003年），超过了国家环境空气质量浓度的二级标准，且在全年大部分的月（2—9月）平均值也超过了这一标准。众多研究表明敦煌地区的沙尘天气在近十几年显著减少，但沙尘天气仍然给莫高窟的文物保存带来了巨大威胁。

莫高窟处于沙漠、戈壁包围之中，沙漠化是该区最为严重的生态环境问题。干旱使这里的植被非常稀疏，地表裸露，生态环境极其脆弱。干旱气候不仅降水稀少，蒸发强度大，而且大风盛行。据统计，全年8级以上大风平均出现15～20次，最高达11级，最大风速可达30 m/s；伴随大风天气的沙尘暴危害比较频繁，对洞窟文物的危害相当严重。2019年5月26日的沙尘暴，莫高窟九层楼顶TSP日均质量浓度高达5 593.7 µg·m⁻³，为国家环境空气质量标准一级浓度限值的45.61倍，窟内和窟区PM2.5、PM10均有不同程度的超标。而在非沙尘暴期间，莫高窟九层楼顶颗粒物质量浓度依然处于较高水平，显然，窟区的沙尘污染极其严重。

据敦煌研究院及其合作团队研究，风沙天气对莫高窟的危害主要表现在风蚀、粉尘等方面。风蚀主要是指风沙流对露天壁画、舍利塔、洞窟围岩等外露文物及其载体吹蚀与磨蚀。在风沙流的长期撞击与磨蚀下，露天壁画逐渐褪色、变色，部分洞窟岩体变成危岩，顶部变薄，甚至有早期洞窟因此坍塌毁坏。进入洞窟的粉尘对壁画的危害主要表现为：产生覆盖污染，遮挡壁画表面信息，影响文物的视觉艺术效果，磨蚀壁画使其加速褪色，严重降低了其艺术价值；极细的粉尘颗粒很容易随着裂缝侵入壁画、塑像颜料空隙内，极难在不损坏壁画的前提下将其清除，而且当粉尘颗粒不断积累到一定重量时，将会导致壁画颜料层、底色层甚至整个地仗层大面积脱落（图4-10），对文物造成不可逆的损伤。

图4-10　莫高窟壁画、彩塑表面粉尘及其微观形貌特征

4.4　空气环境质量

尽管莫高窟地区具有大风、沙尘天气比较频繁的特点，给莫高窟文物保护和参展带来了比较严重的影响，但大气扩散速度快，人为污染很少，除刮风期间大气TSP、PM10、PM2.5严重超标，其他时期环境空气质量可达优良水平。

据《2006年莫高窟保护利用工程环境影响报告书》显示，当时窟区人为造成的大气污染源有茶炉房烟囱和锅炉房烟囱，两者均位于距洞窟崖体NNE约1.0 km的办公区和生活区，属石窟的下风向，在莫高窟重点保护区之外。茶炉房有WSⅢ型茶炉1台，烟囱高度为12 m，年燃煤量为60～70 t。锅炉房（图4-11）运转两台型号为SZL2.8-95/75的燃煤锅炉，配有两台设计除尘效率为75%的旋风式除尘器（图4-12），燃煤烟气经除尘后，由高度为32 m的烟囱排放。锅炉房从1992年开始运行，年平均燃煤量为800～1 200 t。

图 4-11　莫高窟锅炉房

图 4-12　莫高窟锅炉房除尘装置

2007 年前锅炉供热面积为窟区的 40%，其余由地源热泵供热。莫高窟办公区已建有约 2 000 个深度为 100 m 的地热源钻孔，孔内布设 U 形管道，地源热泵将水注入管道内，由地源热泵升温至 18 ℃，循环到地上，再经清洁能源加热后用于供暖。在 2007 年春季停用现有的两台锅炉，全部由地源热泵（图 4-13）供热。

另外，窟区内的流动大气污染源来自进出窟区的各种车辆。窟区现有停车场面积为 10 991 m²，位于大泉河东岸，莫高山庄北侧，可停轿车 160 辆和大客车 40 辆（图 4-14），窟区大气污染物排放状况见表 4-8。

图 4-13　莫高窟地源热泵控制室

图 4-14　莫高窟停车场

表 4-8　窟区大气污染物排放状况（2006 年）

序号	污染源位置	排放量	主要污染物	产生规律	处理方法及去向
1	茶炉房、生活区	0.19 kg/h	烟尘、SO_2	间断	通过高 12 m 的烟囱排烟口排向大气
2	锅炉房、生活区	3.76 kg/h	烟尘、SO_2	连续	通过 2 台旋风式除尘器处理后，经高度为 32 m 的烟囱排烟口排向大气
3	汽车、停车场	0.038 m³/s	CO、HC	间断	直接排向大气

依据大气环境评价等级，考虑窟区的气象条件和现有污染源分布情况，项目环评布置了大气环境监测点，委托酒泉市环境监测站对评价区域内的环境空气质量现状进行了监测。其具体监测情况如下：

（1）监测布点：根据污染源的空间分布特征和污染气象资料，并结合区域环境质量现状，在窟区和外围共布设11个监测点。其中，窟区8个监测点分别位于莫高窟窟顶治沙站、九层楼广场、藏经洞上方崖顶、九层楼上方崖顶、下寺、陈列中心、停车场、敦煌研究院办公区；外围区3个监测点分别位于新墩林场、太阳村大酒店、五墩变电站。

（2）监测项目：根据污染物排放特性，确定窟区监测点的监测项目为TSP、SO_2、NO_2、CO；外围区监测点的监测项目为TSP、SO_2、NO_2。

（3）监测时间及频率：本次窟区监测点监测时间为2006年3月17日—3月21日，外围区监测点的监测时间为2006年9月16日—9月20日，均为连续采样5天，每天24小时连续采样。

（4）评价标准：窟区监测点执行《环境空气质量标准》（GB3095-1996）中一级标准；外围区监测点执行二级标准，标准值见表4-9。

表4-9 窟区环境空气质量评价标准值　　　　单位：mg/m^3

级　别	评　价　项　目			
	SO_2	NO_2	TSP	CO
1	0.05	0.08	0.12	4.0
2	0.15	0.08	0.30	4.0

（5）监测结果统计：窟区大气监测结果统计见表4-10、表4-11及表4-12。

（6）评价方法：采用单因子指数法进行评价。

具体计算公式为：

$$I = \frac{C_i}{C_{oi}}$$

式中：I为污染指数；C_i为污染因子i的实测浓度值，mg/m^3；C_{oi}为污染因子i的标准值，mg/m^3。

（7）评价结果

根据以上点位环境空气质量监测数据资料，按上述评价方法和标准，得出评价结果见表4-13。

表4-10　窟区大气监测结果统计（一）

被测单位:莫高窟		采样时间:2006年3月17日—3月21日			
样品数量:20		分析时间:2006年3月17日—3月21日			
采样地点	采样时间	监测浓度值/mg·m⁻³			
		SO₂	NO₂	TSP	CO
莫高窟窟顶治沙站	3月17日	0.005	0.008	1.54	0.62
	3月18日	0.010	0.006	0.98	0.62
	3月19日	0.005	0.009	0.62	0.62
	3月20日	0.002	0.004	0.70	0.62
	3月21日	0.004	0.005	0.56	0.62
	均值	0.005	0.006	0.88	0.62
九层楼广场	3月17日	0.005	0.008	1.49	1.75
	3月18日	0.008	0.006	0.94	0.62
	3月19日	0.003	0.012	0.60	1.38
	3月20日	0.002	0.007	0.68	1.62
	3月21日	0.003	0.007	0.55	0.62
	均值	0.004	0.008	0.85	1.20
停车场	3月17日	0.003	0.009	1.19	4.62
	3月18日	0.007	0.009	0.94	3.68
	3月19日	0.004	0.011	1.01	1.02
	3月20日	0.003	0.008	0.69	3.74
	3月21日	0.003	0.008	0.62	3.62
	均值	0.004	0.009	0.89	3.34
藏经洞上方崖顶	3月17日	0.004	0.007	1.28	2.25
	3月18日	0.002	0.006	0.90	2.75
	3月19日	0.003	0.005	0.88	4.38
	3月20日	0.002	0.006	0.66	3.08
	3月21日	0.003	0.008	0.58	2.16
	均值	0.003	0.006	0.86	2.92

表4-11 窟区大气监测结果统计（二）

被测单位：莫高窟		采样时间：2006年3月17日—3月21日			
样品数量：20		分析时间：2006年3月17日—3月21日			
采样地点	采样时间	监测浓度值 /mg·m^{-3}			
		SO$_2$	NO$_2$	TSP	CO
九层楼上方崖顶	3月17日	0.003	0.008	0.24	3.75
	3月18日	0.002	0.006	0.27	3.62
	3月19日	0.004	0.012	0.37	0.88
	3月20日	0.003	0.007	0.26	2.50
	3月21日	0.003	0.007	0.30	1.62
	均值	0.003	0.008	0.29	2.47
下寺	3月17日	0.007	0.006	0.16	5.38
	3月18日	0.002	0.006	0.15	3.62
	3月19日	0.005	0.006	0.18	0.88
	3月20日	0.003	0.006	0.20	2.56
	3月21日	0.004	0.006	0.28	2.24
	均值	0.004	0.006	0.19	2.94
陈列中心	3月17日	0.004	0.006	0.34	1.38
	3月18日	0.004	0.006	0.26	0.62
	3月19日	0.003	0.006	0.27	1.85
	3月20日	0.002	0.006	0.25	2.06
	3月21日	0.003	0.007	0.27	0.62
	均值	0.003	0.006	0.28	1.31
敦煌研究院办公区	3月17日	0.003	0.007	0.20	1.64
	3月18日	0.003	0.014	0.29	1.36
	3月19日	0.003	0.011	0.28	0.62
	3月20日	0.003	0.015	0.24	0.62
	3月21日	0.002	0.015	0.26	0.75
	均值	0.003	0.012	0.25	1.00

表4-12　外围区大气监测结果统计（三）

监测点	监测时间	监测浓度值 /mg·m⁻³		
		SO₂	NO₂	TSP
新墩林场	9月16日	0.007	0.009	0.315
	9月17日	0.006	0.014	0.280
	9月18日	0.009	0.009	0.182
	9月19日	0.004	0.006	0.286
	9月20日	0.007	0.007	0.302
	均值	0.006 6	0.009	0.273
太阳村大酒店	9月16日	0.006	0.008	0.195
	9月17日	0.004	0.014	0.200
	9月18日	0.004	0.012	0.101
	9月19日	0.003	0.006	0.365
	9月20日	0.004	0.005	0.321
	均值	0.004 2	0.009	0.236 4
五墩变电站	9月16日	0.004	0.009	0.171
	9月17日	0.003	0.011	0.164
	9月18日	0.005	0.009	0.102
	9月19日	0.004	0.005	0.342
	9月20日	0.003	0.005	0.326
	均值	0.003 8	0.007 8	0.221

表4-13　窟区及外围区环境空气质量监测评价结果

序号	监测点	项目	日均浓度范围 /mg·m⁻³	最大污染指数
①	莫高窟窟顶治沙站	SO₂	0.002～0.01	0.20
		NO₂	0.004～0.009	0.01
		TSP	0.56～1.54	12.83
		CO	0.62	0.16
②	九层楼广场	SO₂	0.002～0.008	0.16
		NO₂	0.006～0.012	0.15

续表4-13

序号	监测点	项目	日均浓度范围 /mg·m⁻³	最大污染指数
		TSP	0.55～1.49	12.42
		CO	0.62～1.19	0.04
③	停车场	SO₂	0.003～0.007	0.34
		NO₂	0.008～0.011	0.14
		TSP	0.62～1.19	9.92
		CO	1.02～4.62	1.16
④	藏经洞上方崖顶	SO₂	0.002～0.004	0.08
		NO₂	0.005～0.008	0.10
		TSP	0.58～1.28	10.70
		CO	2.16～4.38	1.10
⑤	九层楼上方崖顶	SO₂	0.002～0.004	0.08
		NO₂	0.006～0.012	0.15
		TSP	0.24～0.37	3.08
		CO	0.88～3.75	0.94
⑥	下寺	SO₂	0.002～0.007	0.14
		NO₂	0.006	0.08
		TSP	0.15～0.28	2.30
		CO	0.88～5.38	1.35
⑦	陈列中心	SO₂	0.002～0.004	0.08
		NO₂	0.006～0.007	0.09
		TSP	0.25～0.34	2.83
		CO	0.62～2.06	0.77
⑧	敦煌研究院办公室	SO₂	0.002～0.003	0.06
		NO₂	0.007～0.015	0.19
		TSP	0.2～0.29	2.42
		CO	0.62～1.64	0.41
⑨	新墩林场	SO₂	0.004～0.009	0.06
		NO₂	0.006～0.014	0.18

序号	监测点	项目	日均浓度范围 /mg·m⁻³	最大污染指数
		TSP	0.182~0.315	1.05
⑩	太阳村大酒店	SO₂	0.003~0.006	0.04
		NO₂	0.005~0.014	0.18
		TSP	0.101~0.365	1.22
⑪	五墩变电站	SO₂	0.003~0.005	0.03
		NO₂	0.005~0.011	0.14
		TSP	0.102~0.342	1.14

从上表中可以看出，①～⑧号测点的SO_2，NO_2均低于《环境空气质量标准》（GB3095-1996）中一级标准，CO在停车场、藏经洞上方崖顶、下寺3个监测点有超标现象，最大污染指数分别为1.16、1.10、1.35。超标的主要原因是人为活动在这3个观测点比较集中，有汽车尾气排放以及距化粪池下水排放点较近。⑨、⑩号监测点的SO_2，NO_2均低于《环境空气质量标准》（GB3095-1996）中二级标准。但在监测区域内的TSP均超过国家标准，各监测点的最大污染指数在1.05～12.83，这是由于莫高窟地处戈壁与沙漠之间，再加上风沙活动频繁，降雨稀少，这种地理环境造成了TSP的超标。总体来看，本次布点监测的环境空气中除TSP超标和窟区3个点CO略有超标外，窟区现状环境空气质量可达到一级标准。

为了解窟内环境空气状况以及与窟外环境空气的区别，敦煌研究院李最雄先生带领团队于1990年选择代表性的洞窟对窟内环境空气的温度和湿度进行了监测（李最雄著《丝绸之路石窟壁画彩塑保护》，科学出版社，2005年9月）。结果表明，莫高窟窟内的空气要素要比窟外稳定，窟内外气温年内变化规律表现为：每年的2月20日—9月10日窟内的空气温度低于窟外空气温度，而9月10日—2月20日（翌年）窟内的温度高于窟外的温度，反映了窟内温度具有"冬暖夏凉"的特征。进一步分析还可以发现窟外气温月平均变化幅度在-2.67 ℃～25.67 ℃，相差28.34 ℃，窟内一年内的月平均温度变化在3.5 ℃～21.65 ℃，变化幅度为18.15 ℃，显然，窟内月均温度变化比窟外要小10 ℃。窟内外湿度的变化规律表现为：3月15日—9月15日，窟内空气相对湿度高于窟外，9月15日—3月15日（翌年），窟内空气相对湿度又低于窟外，一年中窟外空气湿度各月平均值的变化范围在18%～40.67%，代表性窟内的空气湿度月平均变化在16.8%～38.3%，可见窟内空气相对湿度变化幅度较窟外要小。监测研究同时表明，游客参观对窟内空气也有比较明显的影响，一批接一批的游客（30～40人/批）进入窟内参观5～6分钟，会使窟内温度升高2℃～3℃，相对湿度上升10%～20%，游客参观对窟内温度和湿度的影响需要6～12小时才能恢复。

4.5　大气环境对莫高窟的影响

（1）莫高窟气候极端干燥，年均降水量不足40 mm，年均相对湿度仅为28.3%，干燥的气候条件有利于壁画的长期保存，但可能造成长期而严重的风沙危害。莫高窟周围以戈壁荒漠为主，自然植被稀疏，特殊的下垫面条件造成莫高窟为多风区域，年均风速为4.19 m/s，较敦煌市区高2.31 m/s。大风以及周围稳定的沙尘源为沙尘天气的形成提供了便利的条件。风沙天气对莫高窟的危害主要表现为：风沙流对露天壁画、舍利塔、洞窟围岩等外露文物及其载体吹蚀与磨蚀；搬运来的大量积沙造成洞窟被掩埋、栈道堵塞，影响游客参观和周边环境；进入洞窟的风沙流会形成大量降尘，不仅难以清除，严重影响文物的视觉艺术效果，而且风沙流在运动过程中对壁画、塑像造成磨蚀，或者侵入壁画和塑像的颜料缝隙，挤压破坏颜料层，对文物造成不可逆的损伤。

（2）莫高窟虽然处在极干旱地区，被戈壁、沙漠所包围，稀少的降雨在年内和年际分布很不均匀，通常在夏季以暴风骤雨形式出现，来时迅猛，往往形成暴雨灾害。强降雨形成的坡面流长期冲刷洞窟崖体，可导致崖面缓坡形成冲沟，崖体出现大量落石和坍塌，对洞窟的长期稳定性和文物安全产生威胁。另外，降水可增加空气湿度，对洞窟壁画会产生不良影响，雨水沿裂隙渗入洞窟可造成局部壁画产生酥碱等病害。

（3）莫高窟总体空气环境质量较好，但燃煤供暖、汽车尾气排放等造成了莫高窟空气环境质量下降。随着莫高窟停车场下移到游客中心，供热由燃煤锅炉改造为地源热泵后，污染源逐渐消失，这些措施可为莫高窟的长久保存提供优质的空气环境质量。

5 水环境

莫高窟地处极度干旱缺水的内陆河流域，降水稀少、蒸发强烈，多年降水量不足 40 mm，蒸发量却超过 4 000 mm；流经窟区的唯一小河流虽然有一个响亮的名称——大泉河，它的多年平均流量仅是 0.076 4 m³/s，但最大洪峰流量可达正常流量的近万倍。正是这种特殊的水环境，给莫高窟的选址、洞窟开掘、壁画彩塑绘制、石窟保护传承起到了重要作用和深远影响。

5.1 地表水环境

5.1.1 大泉河流域概况

大泉河是莫高窟唯一的地表小河流，它发源于祁连山脉的野马山北坡，上游山地汇流区分布有许多支沟，其中较大的支沟有好布拉沟、西墙子沟、滴水沟、马莲湾沟等，这些支沟绝大部分时间处于干涸状态，仅在大雨和暴雨期间产生雨洪流水，并在流出山口后又大部分渗入地下形成潜流，由南向北渗流经过一百四戈壁滩，在三危山南边的大泉、条湖子泉一带以泉水形式出露，由此形成了溪水长流的大泉河。

大泉河流域总地势由东南向西北倾斜，河水的流向受地势影响也基本上是由东南流向西北，流经好布拉、小草湖、大泉、大拉牌、小拉牌、莫高窟、茶房子，于敦煌的五墩乡一带汇入党河，流域面积 1 114.62 km²。流域形状呈南北向展布的长条状，流域形态系数为 0.27。从源头野马山至莫高窟流域主河道（沟）长度 64.15 km，从大泉、条湖子泉至莫高窟河道长度 15.50 km。

从地貌单元来看，大泉河流域由南向北穿越河西走廊两山两盆地，两山指祁连山西段的野马山和河西走廊中部的三危山，两盆地是阿克塞盆地（南盆地）和安西-敦煌盆地

（北盆地）。大泉河源头的好布拉沟、西墙子沟、滴水沟、马莲湾沟等属祁连山区的野马山沟谷段；野马山沟口至大泉、条胡子泉出露地带为穿越南盆地（一百四戈壁）河段；大泉、条胡子泉出露地点至成城湾为切穿三危山河段；成城湾以下为进入敦煌盆地河段。

　　根据大泉河的成因和流域特征，结合大泉河径流终结于莫高窟的现实，可将大泉、条湖子泉以南的广大地区（包括南盆地的一百四戈壁和野马山区）划分为源区；大泉、条湖子泉至大拉牌之间划为上游区；大拉牌至成城湾之间划为中游区；成城湾以下至莫高窟划为下游区。大泉河流域要素和基础数据见表5-1。

表5-1　大泉河流域要素和基础数据

项目	面积		长度		比降 /%
	数值 /km²	比例 /%	数值 /km	比例 /%	
源区	745.07	66.84	49.02	76.41	5.10
上游区	193.02	17.32	6.08	9.48	2.05
中游区	166.71	14.96	6.90	10.76	2.49
下游区	9.82	0.88	2.15	3.35	1.37
全流域	1114.62	100	64.15	100	2.75

　　需要说明的是上述流域分区主要是为了便于莫高窟水资源、水环境的分析评价，实际上大泉河流域的下游区可延伸到莫高窟以北至敦煌五墩乡一带，延伸河段长度约16 km，延伸扩大面积约120 km²。

5.1.2　大泉河的水量

5.1.2.1　大泉河水量特征

　　大泉河径流的来源主要是降水和冰雪消融补给，它虽然是一条常年性河流，但径流量很小且不稳定，流量变化在空间上和时间上都存在明显差异。1990—2010年，敦煌研究院与兰州大学在联合开展莫高窟保护基础研究过程中，对大泉河流域进行了多次科学考察和现场测验，获得了大泉河流域的特征数据和水文资料，选择代表性断面监测了大泉河的水量、水质及其动态变化，尤其是在大泉河莫高窟断面，先后两次测定了大泉河径流量24小时变化情况，并于2006年、2007年、2008年观测了截引到莫高窟绿化用的全部水量。监测结果表明，大泉河径流的年际变化不大，而年内变化比较明显，在炎热的夏季，径流的日变化幅度相当显著。

5.1.2.2　大泉河年均径流量

　　20世纪90年代和2004年、2005年，经多次沿大泉河流程进行实地考察，选择几处代表性断面，采用浮标法测流（图5-1至图5-4），获得断面流量实测数据见表5-2。

图5-1　大泉河大拉牌断面测流

图5-2　大泉河旱界子断面测流

图5-3　莫高窟拦水坝左岸引水渠测流

图5-4　莫高窟拦水坝右岸引水渠测流

表5-2　大泉河各断面流量实测数据表　　　　　单位：m³/s

河流分段	断面	1993年6月	1997年7月	1999年8月	2004年8月	2005年8月
上游	大泉				0.005 6	—
中游	大拉牌东边				0.079 6	0.072 8
	大拉牌	0.086	0.092 1	0.081 0	—	0.071 1
	大拉牌西北边				—	0.071 6
	小拉牌					0.076 3
	旱界子	0.115 7	0.095 2	0.091 0	0.089 2	0.107 1
	石阶子				—	0.076 5
下游	莫高窟				0.067 6	0.059 6

表5-2中数据表明，大泉河流量在地域上表现为泉水出露处附近及上游径流量小，中游径流量明显增大，下游径流量又有所减小的特征。经过对这些流量资料分析，对比大泉河大拉牌与旱界子断面5年的测流数据，并考虑到测流时具体日流量变化的影响，剔除这些因素造成的误差，可以发现1993—2005年，大泉河的实测流量变化并不大。

通过分析大泉河旱界子断面1993年、1997年、1999年、2004年与2005年的流量，可以发现1993年的流量最大，在随后的1997年、1998年、2004年与2005年的流量上稳中有升，这一规律与同期的降水资料正好相吻合。据气象资料可知，1993年6月窟区的降水达到了多年的第二高值，仅低于2000年6月的降水量，正是降水的补给使得该年所测的流量增大。而其他各年的测流情况相似，通过比较，可以发现大泉河这几年的流量并没有减少的趋势，而是在一定的范围内有轻微波动。这也进一步说明，大泉河的补给来源比较稳定，其径流量年际变化不大这一特征。

综合分析历年水文气象资料，结合2006年、2007年、2008年对大泉河进行的水文调查和测流数据，可推算得到大泉河出山口（石阶子断面）平均流量为0.0765 m^3/s，年径流总量为240.9×10^4 m^3/a，即为大泉河的水资源总量。同时根据大泉河莫高窟断面2006年、2007年、2008年的实测流量数据，可以推算出对应的年径流量分别为163.10×10^4 m^3/a、195.92×10^4 m^3/a、136.64×10^4 m^3/a，三年的径流量平均值为165.22×10^4 m^3/a，约占出山口水资源总量的68.6%。莫高窟断面的径流量小于出山口径流量的原因，是由于大泉河出山口至莫高窟断面是冲洪积扇顶部，河水下渗条件好，使一部分地表水入渗转化成了地下潜水。

由于莫高窟每年4—10月截引大泉河水灌溉窟区林地，11月中旬至翌年2月为封冻期，也是引水灌溉停止期。因此，可以在大泉河出山口断面径流量（240.9×10^4 m^3/a）、莫高窟断面径流量（165.22×10^4 m^3/a）的基础上，进一步推算出可利用水资源量、实际引用水量。

（1）可利用水资源量：是指在现有技术条件下可以利用的水量。从理论上来讲，大泉河流入莫高窟的水量都可以被开发利用，但受季节变化的影响和开发利用条件的影响，难以做到将流经莫高窟断面的水量全都利用。因此，综合考虑大泉河流经莫高窟的实际条件和用水需求情况，取莫高窟断面径流量的80%作为可利用水资源量，即132.18×10^4 m^3/a

（2）实际引用水量：就是目前莫高窟每年从大泉河截引到窟区绿化灌溉的用水量。经过3年的实测，获得了2006年、2007年、2008年从莫高窟以南700 m处大泉河拦水坝实际截引到窟区两岸的水量，分别是93.45×10^4 m^3/a、113.09×10^4 m^3/a、81.71×10^4 m^3/a，其3年的平均值为96.08×10^4 m^3/a，这就是莫高窟实际引用大泉河的水量。

5.1.2.3 大泉河月径流量变化

由于大泉河在冬季封冻，难以实测其流量。因此，只能根据2005年10月、2006年4—10月、2007年5—10月、2008年5—10月的调查资料，利用对大泉河的实测流量数据，推算出大泉河春、夏、秋季各月径流量；然后再根据河流水文统计分析方法中的比拟法，利用流域地理条件、气候条件、水文条件相似的榆林河蘑菇台水文站作为参照站，用榆林河径流量的年内分配来推求大泉河径流量的年内分配，以此来弥补实测资料的不足。

榆林河多年平均各月径流量见表5-3。大泉河实测期间各月的径流量见表5-4。

表5-3 榆林河多年平均各月径流量表

项目	月												全年
	1	2	3	4	5	6	7	8	9	10	11	12	
流量 Q /m³·s⁻¹	1.69	1.70	1.71	1.73	1.81	1.86	1.92	1.80	1.65	1.71	1.67	1.64	1.74
径流量 W /10⁴ m³	452.6	414.9	458.0	448.4	484.8	482.1	514.2	482.1	427.7	458.0	432.9	439.3	5 495

表5-4 大泉河实测期间各月的径流量

年份	项目	月							实测期流量与总径流量
		4	5	6	7	8	9	10	
2006	流量 Q /m³·s⁻¹	0.064 83	0.063 03	0.033 65	0.041 55	0.038 17	0.046 6	0.065 75	0.050 511
	径流量 W /10⁴ m³	16.803 5	16.880 8	8.722	11.127 3	10.229 8	12.076 9	17.613 6	93.453 9
2007	流量 Q /m³·s⁻¹	0.053 87*	0.053 87	0.056 89	0.059 18	0.060 52	0.067 74	0.074 19	0.060 894
	径流量 W /10⁴ m³	14.427 9*	14.427 9	14.745 2	15.851 7	16.211	17.557 3	19.871 2	113.092 2
2008	流量 Q /m³·s⁻¹	0.0545 6*	0.054 56	0.032 04	0.036 32	0.032 12	0.045 39	0.052 58	0.043 94
	径流量 W /10⁴ m³	14.612 4*	14.612 4	8.303 8	9.727	8.601 8	11.765 4	14.082 6	81.705 4
3年平均值	流量 Q /m³·s⁻¹	0.064 83	0.057 153	0.040 86	0.045 683	0.043 603	0.053 243	0.064 173	0.051 78
	径流量 W /10⁴ m³	16.803 5	15.307 03	10.590 33	12.235 33	11.680 87	13.799 87	17.189 13	96.083 8

*根据2006年4月与5月实测数据十分相近，类推以当年5月份数据弥补4月份数据。

运用水文学原理，参照榆林河水文资料推算大泉河径流量年内分配的具体计算方法可采用等比缩放法，计算公式如下：

$$W_{i大}/W_{i榆}=W_{i+1大}/W_{i+1榆}=W_{a大}/W_{a榆} \tag{式5-1}$$

式中：$W_{i榆}$ 为榆林河第 i 月的径流量；$W_{i大}$ 为大泉河第 i 月的径流量；$W_{a榆}$ 为榆林河全年径流量；$W_{a大}$ 为大泉河全年径流量。

先用榆林河、大泉河4月、5月、6月、7月、8月、9月、10月的径流量数据计算出各对应月的比率系数 K_i 值，再计算出平均比率系数 K_0 值。即

$$K_0=(K_i+K_{i+1}+K_{i+2}+\cdots+K_{i+n})/N \tag{式5-2}$$

考虑到大泉河6月、7月水量蒸发损失很大，尤其在每日下午还会出现断流现象，而需要推算的月的水量蒸发损失要小一些。因此，要对推算的月的比例系数进行修正，其方法是去除6月、7月的比例系数，对其他实测月的比例系数进行平均，得到比较符合实际情况的比例系数 K 值。即

$$K=(K_4+K_5+K_8+K_9+K_{10})/5 \tag{式5-3}$$

用修正后的平均比率系数 K 值分别乘以榆林河11月、12月、1月、2月、3月的径流量，就可以得出大泉河对应月的径流量。同样，用平均 K 值乘以榆林河年径流量，就可以推算出大泉河年径流量。其计算结果见表5-5。

表5-5 大泉河莫高窟断面径流量年内分配推算结果

项目	月												全年
	1	2	3	4	5	6	7	8	9	10	11	12	
流量 Q /L·s^{-1}	53.4	53.6	54.0	58.0	57.2	40.9	45.7	43.6	53.2	64.2	52.7	51.8	52.4
径流量 W /10^4 m^3	14.3	13.1	14.7	15.0	15.3	10.4	12.2	11.7	13.8	17.2	13.7	13.9	165

为了减小等比法的计算误差，我们还可以用榆林河的径流数据，计算出年内各月径流量所占年总径流的比例，然后再用该比例校核大泉河各月径流量所占总径流量的比例。如果两者有明显误差，则取两者的平均值，但实测数据不需要校核。经校核后的数据有：2006年1月、2月、3月、11月、12月的月径流量，2007年和2008年1月、2月、3月、11月、12月的月径流量。最后计算实测期3年各月径流量的平均值和年径流量的平均值作为大泉河径流量的年内分配。

从大泉河莫高窟断面径流量的年内分配可见，该河径流量在一年中的分配比较均匀，这正体现了以地下水溢出为主要补给源的河流径流相对稳定的特征。

5.1.2.4   大泉河日径流量变化

大泉河在流经莫高窟前的河段，其流量24 h变化比较明显的时期主要出现在炎热夏季的晴天，阴天和其他季节日径流量变化不明显。因此，选择夏季连续晴朗天气，考察组先后于2004年8月15日、17日、18日和2005年8月25日、26日、27日，两次在莫高窟南0.7 km处的河流断面，采用浮标法和三角堰进行了24 h径流量变化测验，测流时间间隔为30 min和60 min。测得了比较详细的日径流量变化数据，绘制了日径流量过程线（图5-5a、b）。

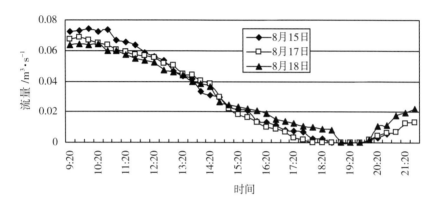

a.大泉河莫高窟断面实测3天径流量过程线（2004年）

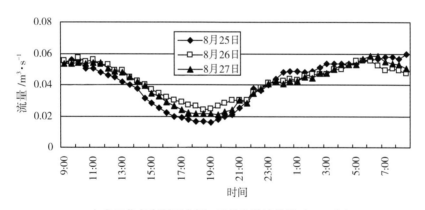

b.大泉河莫高窟断面实测3天径流量过程线（2005年）

图5-5   大泉河莫高窟断面实测3天径流过程线

可以看出，不论是2004年还是2005年，所实测的3条径流量日内变化曲线，其形状十分相似，变化幅度均比较大，变化规律完全一致。一天中流量最大的时段出现在6:00时至10:00，随后径流量逐渐减小，到17:30至20:30为流量最小的时段，尤其是2004年8月中旬所测的3天径流过程线在这一时段均出现断流现象，从20:30至第二天8:00，径流量又逐步恢复到最高水平。日径流过程线的形状呈"S"形。

为掌握24 h径流过程线随时间变化的一般规律，可分别取2004年、2005年连续3天测流的所有数据（2004年共111组，2005年共144组）进行非线性相关分析，由此得到了两次连续3天测流的四阶多项式，即24 h径流过程线变化规律的数学表达式，同时也得出了与之对应的相关系数。

$$Q_{2004}=0.013\ t^4-0.449\ 1\ t^3+2.974\ 3\ t^2+9.249\ 8\ t+154.37 \qquad (式5-4)$$

$$R_{2004}=0.98$$

$$Q_{2005}=0.006\ 4\ t^4-0.214\ 5\ t^3+1.202\ 1\ t^2+6.741\ 7\ t+153.41 \qquad (式5-5)$$

$$R_{2005}=0.97$$

根据上述两个多项式，可分别计算得出径流量24 h变化过程线，分别取两次连续3天实测流量的平均值，可在同一坐标系点绘相应的平均径流量变化曲线（图5-6a、b）。可见实测曲线与四阶多项式函数曲线拟合良好。因此，可以用函数曲线来计算日径流量。对两个函数式从时间0~24 h分别进行积分，可得到2004年和2005年测流期间通过断面的实际径流量的平均值分别为3 527 m³/d和3 563 m³/d。

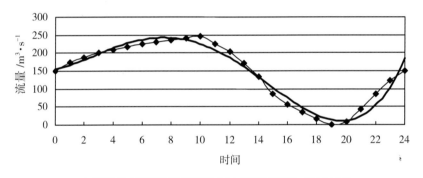

a.大泉河莫高窟断面3天平均24 h径流过程线（2004年）

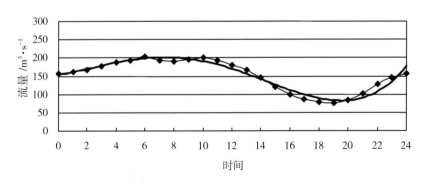

b.大泉河莫高窟断面3天平均24 h径流过程线（2005年）

图5-6　大泉河莫高窟断面3天平均24 h径流过程线

由于大泉河莫高窟南断面以上流域范围内为无人居住区，也没有人为活动干预，河水径流完全保持天然状态，即便是河床存在渗漏也是稳定的，不会在短时间内发生变化，更不会在一天内引起径流量变化。因此可以推断，导致径流量变化的根本原因是强烈的蒸发作用。

从大泉河的补给类型来看，先是祁连山降水和冰雪消融水汇集形成的沟谷潜流补给山前倾斜平原而成为地下水，经过一百四戈壁（南盆地）长距离的径流和大面积汇集，在大泉、条湖子泉一带溢出为泉流。这种远距离、大面积的汇流区，使大泉河的来水量相对稳定。试想如果没有蒸发损失，大泉河莫高窟南断面的流量应该一直保持在6:00至10:00的水平。若以此时间段的流量为基准，可推算出两次测流期间的日径流总量分别为 $Q_{2004}=5\,616\ \mathrm{m^3/d}$，$Q_{2005}=4\,665\ \mathrm{m^3/d}$。该流量与实际流量之差，就是由河水蒸发作用造成的水量损失。

$$Q_{2004}=5\,616-3\,527=2\,089\ \mathrm{m^3/d}$$

$$Q_{2005}=4\,665-3\,563=1\,102\ \mathrm{m^3/d}$$

由此可见，2004年测流期间的日蒸发损失量占日径流总量的37%，2005年测流期间的日蒸发损失量占日径流总量的24%。两者的平均值为30.5%。由此说明，在干燥炎热的气候条件下，大泉河流量的近三分之一被蒸发消耗。

5.1.2.5 大泉河洪水流量

据调查，大泉河谷地遗留有历史洪水的痕迹，通过测量洪痕高程，实测并恢复洪水过水断面，应用薛齐-满宁经验公式，可计算出历史上最大洪峰流量；同时采用小流域经验公式、比拟分析和频率分析等方法，推算出了大泉河千年一遇的洪峰流量为 $620\ \mathrm{m^3/s}$，百年一遇的洪峰流量为 $450\ \mathrm{m^3/s}$，五十年一遇的洪峰流量为 $305\ \mathrm{m^3/s}$，二十年一遇的洪峰流量为 $213.28\ \mathrm{m^3/s}$，十年一遇的洪峰流量为 $149.75\ \mathrm{m^3/s}$，五年一遇的洪峰流量为 $89.67\ \mathrm{m^3/s}$。据长期在莫高窟工作人员观察，大泉河几乎每年夏季都有不同程度的洪流发生，虽然干旱少雨，但由于汇水面积大，流域纵比降大，洪水和暴雨一样，都具有来势凶猛、陡涨陡落以及历时短的特点。

5.2 大泉河的水质

5.2.1 水质沿流程变化

为了解大泉河水的水质及其变化情况，近二十年来，我们多次在大泉河不同地段分别采样，进行了水质分析，其结果见表5-6至表5-8。从表中可以看出，从大泉、条湖子泉、旱界子到莫高窟，大泉河水的总矿化度呈升高趋势，以苦沟泉高矿化度支流汇入

处为界，其上游河段水的矿化度为1 500～1 800 mg/L，下游河段水的矿化度在2 100～
2 300 mg/L，即河水逐渐变咸。总硬度的变化趋势大致上与矿化度相同，也呈逐渐变大
趋势（28.28°dH→32.79°dH→33.07°dH），即河水水质随流程逐渐硬化。

表5-6　大泉河主要地段水质分析结果（1993年6月）

取样点	条湖子泉	大泉	大拉牌	苦沟泉	莫高窟
Na^+	300.80	414.10	439.90	1 424.00	581.60
Ca^{2+}	87.16	108.90	117.90	221.50	121.40
Mg^{2+}	30.56	48.22	25.47	53.10	35.76
HCO_3^-	200.50	180.40	232.00	297.90	201.60
SO_4^{2-}	448.40	661.00	648.30	1 570.00	805.80
Cl^-	252.60	378.90	347.30	1 410.00	494.70
pH值	8.06	7.69	7.80	7.82	8.10
矿化度	1.266	1.836	1.809	4.821	2.298
总硬度	19.24	26.36	22.36	43.23	25.24

注：表中总硬度单位为德国度（°dH），矿化度单位为g/L，其余单位均为mg/L。

表5-7　大泉河主要地段水质分析结果（1997年7月）

取样点	条湖子泉	大泉	大拉牌	苦沟泉	莫高窟
Na^+	322.5	383.6	365.2	1 817	502.1
Ca^{2+}	83.3	93.8	99.1	222.4	107.2
Mg^{2+}	48.3	67.0	57.8	66.4	66.2
HCO_3^-	347.5	205.9	234.9	460.8	250.9
SO_4^{2-}	543.9	693.9	652.7	1 989	876.8
Cl^-	283.4	380.4	357.1	1 787	434.7
pH值	7.6	7.9	7.8	7.7	7.9
矿化度	1.54	1.80	1.73	6.25	2.19
总硬度	22.80	28.57	27.16	46.39	30.27

注：表中总硬度单位为德国度（°dH），矿化度单位为g/L，其余单位均为mg/L。

表5-8　大泉河主要地段水质分析结果（2004年8月）

取样点	条湖子泉	大泉	大拉牌	苦沟泉	旱界子
K^+	8.21	9.25	8.62	27.60	9.65
Na^+	299.00	305.00	330.00	2 025.00	383.60
Ca^{2+}	112.30	96.19	96.19	268.54	108.22
Mg^{2+}	54.60	83.85	58.33	55.90	77.78
CO_3^{2-}	0.00	0.00	0.00	0.00	0.00
HCO_3^-	396.20	188.36	227.33	530.00	259.81
SO_4^{2-}	443.00	707.48	592.21	2 088.82	721.89
Cl^-	297.29	363.36	357.85	2 301.25	418.41
NO_3-N	0.24	2.00	1.23	0.28	0.55
pH值	7.33	8.00	8.13	7.52	7.96
矿化度	1 680.00	1 774.00	1 756.00	7 816.00	2 036.00
总硬度	28.28	32.79	26.90	50.44	33.07

注：表中除总硬度单位为德国度（°dH），其余单位均为 mg/L。

造成水质沿流程变化的原因：

（1）强烈的蒸发浓缩作用，从上游到下游，河流水的蒸发损失量在30%左右。

（2）中下游河段苦沟泉高矿化度水支流的汇入。虽然苦沟泉流量甚微（0.5 L/s），但水的矿化度高达7.82 g/L，总硬度达到了50.44°dH，为极硬咸水，对大泉河水质影响较大，是造成大泉河上、下游水质差异的主要原因。

通过对大泉河源头、中游和下游水质分析结果的对比，不仅可以发现河水矿化度、硬度具有比较明显的沿流程变化的规律，而且主要离子含量Cl^-、SO_4^{2-}、Na^+也沿着流程均表现为逐渐增高的趋势（图5-7）。其变化规律、变差特征、变化原因与矿化度基本相同。

5.2.2　大泉河水污染监测评价

在了解大泉河水量水质自然状态的基础上，为进一步分析评价大泉河水的污染情况，2006年，按照地面水环境质量评价的要求，酒泉市环境监测站的工作人员在大泉河莫高窟南700 m拦水坝断面、小拉牌断面、苦沟泉、苦沟泉汇入口的断面连续3天取水样，对相关污染因子进行了监测，结果见表5-9。

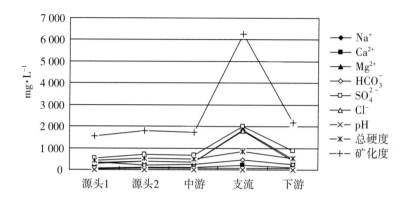

图 5-7　大泉河水质沿流程变化图

表 5-9　大泉河水质监测结果统计表（2006 年 6 月）

项目	监 测 点				
	小拉牌 /mg·L⁻¹	苦沟泉 /mg·L⁻¹	苦沟泉汇入口 /mg·L⁻¹	窟区南拦水坝 /mg·L⁻¹	地表水标准限值 /mg·L⁻¹
pH 值	8.30	7.89	8.10	7.65	6～9
矿化度	1 720.66	5 872	1 933	1 968	1 000
硬度	422.67	949.67	612.17	620.83	450
氯化物	358.22	1 755.3	432.87	476.52	250
硫酸盐	90.034 6	19.976	162.97	106.44	250
NO_3—N	0.432 17	0.987	0.621 5	0.424 7	10
NO_2—N	0.012 5	0.004	0.012 3	0.010 7	0.1
COD_{Cr}	3.42	未检出	9.3	未检出	15
F^-	1.235	3.353 3	1.385	1.33	1.0
Fe	0.173 5	0.138 7	0.114 5	0.081 7	0.3
Pb	0.005	0.005	0.005	0.005	0.01
Hg	0.000 06	0.000 06	0.000 06	0.000 06	0.000 05
Cd	未检出	未检出	未检出	未检出	0.005
Mn	0.074 5	0.079 3	0.057 8	0.068 5	0.1
粪大肠菌群 （CFU/100 mL）	<3	<3	<3	<3	2 000（个/L）

注：单位除 pH 值及注明外，均为 mg/L；地表水标准限制为 GB3838-2002 II 类；矿化度、硬度、NO_2—N 参照《生活饮用水卫生标准》（GB5749-85）。

按照《地表水环境质量标准》（GB3838-2002）中Ⅱ类标准，采用单因子指数评价方法，计算3天样品监测中的最大污染指数，可得大泉河水环境质量评价结果见表5-10。

表5-10　大泉河水质监测评价结果

序号	水质指标	小拉牌		苦沟泉		苦沟泉汇入口		窟区南拦水坝	
		浓度范围	最大污染指数	浓度范围	最大污染指数	浓度范围	最大污染指数	浓度范围	最大污染指数
1	pH值	8.25～8.35	0.68	7.82～8.01	0.51	7.93～8.25	0.63	6.95～8.33	0.67
2	氯化物	339.89～379.88	1.52	1 549.52～1 879.41	7.52	369.89～519.84	2.08	459.86～489.85	1.96
3	硫酸盐	34.51～132.255	0.53	0～31.47	0.13	118.431～234.412	0.94	83.333～140.784	0.56
4	NO_3—N	0.405～0.455	0.05	0.97～0.995	0.10	0.603～0.646	0.07	0.405～0.45	0.05
5	NO_2—N	0.011～0.014	0.14	0.001～0.009	0.09	0.011～0.014	0.14	0.004～0.024	0.24
6	COD_{cr}	3.42	0.23	未检出	0	9.3	0.62	未检出	0
7	F^-	0.81～1.52	1.52	2.56～3.82	3.82	0.91～1.70	1.70	0.87～1.70	1.70
8	Fe	0.126～0.291	0.97	0.091～0.147	0.49	0.052～0.141	0.47	0.067～0.095	0.32
9	Pb	0.005	0.5	0.005	0.5	0.005	0.5	0.005	0.5
10	Hg	0.000 06	1.2	0.000 06	1.2	0.000 06	1.2	0.000 06	1.2
11	Cd	未检出	0	未检出	0	未检出	0	未检出	0
12	Mn	0.062～0.091	0.91	0.068～0.096	0.96	0.048～0.069	0.69	0.058～0.079	0.79
13	粪大肠菌群①	<3	0	<3	0	<3	0	<3	0
		综合污染指数：S=0.63		综合污染指数：S=1.18		综合污染指数：S=0.70		综合污染指数：S=0.61	

注：①单位为CFU/100 ml；其他单位除pH值及注明外，均为mg/L。

从监测结果及分析可以看出，氯化物超标，最大污染指数为1.52～7.52；氟化物超标，最大污染指数为1.52～3.82；汞超标，最大污染指数为1.2（若按Ⅲ类标准，污染指数为0.6，不超标）；其他项目监测值都低于《地表水环境质量标准》（GB3838-2002）中Ⅱ类标准限值，4个测点的综合污染指数为0.61～1.18。可以得出，大泉河水质不符合Ⅱ类水标准，除氯化物和氟化物，污染指标符合地表水环境质量Ⅲ类标准。

5.2.3　大泉河水质与用途分析

从《地表水环境质量标准》规定的主要污染因子来看，上述分析评价结果显示大泉河水质没有受到污染，除氯化物、氟化物超标外，水质似乎符合地表水环境质量Ⅲ类标准。其实这是一种误判，因为评价标准中的主要污染因子是针对人为活动产生的污染物而规定的，大泉河流域在莫高窟断面以上除放牧外几乎没有人为活动，也就没有造成水质污染，再说，自然因素造成的水质矿化度、氯化物、氟化物超标对水体质量优劣具有决定作用，是人为难以改变的，也是不可忽视的。所以，大泉河水质根本达不到地表水环境质量Ⅲ类标准。

总体来看，自然因素决定了大泉河水的矿化度和总硬度值比较高，且偏碱性。我国生活饮用水卫生标准（GB5749 - 85）中规定：pH在 6.5～8.5，总硬度（以$CaCO_3$计）< 450 mg/L（约为25°dH），硫酸盐 < 250 mg/L，氯化物 < 250 mg/L，溶解性固体 < 1 000 mg/L，硝酸盐（以氮计）< 20 mg/L。可见，大泉河水不符合饮用水卫生标准基本要求。从我国灌溉用水标准来看，矿化度一般要求≤1 000 mg/L，但在干旱缺水地区可以适当放宽到≤2 000 mg/L。虽然大泉河水质不满足灌溉用水水质标准，但是由于莫高窟在地貌上处于山前洪积扇的顶部，排水条件好，属极度干旱区，并且大泉河又是莫高窟唯一的地表水源，尽管水的矿化度略超 2 000 mg/L，仍然是不可多得的水源，完全可作为绿化灌溉用水。

5.3　地下水环境

5.3.1　窟区水文地质概况

窟区的地下水主要是分布在敦煌盆地南部边缘大泉河冲洪积扇一带的地下水，它是整个敦煌盆地水资源的组成部分，因此，分析窟区的地下水应从盆地的整体谈起。敦煌盆地的基底为第三系，岩性主要为泥质沙砾岩、泥质粉砂岩和泥岩等，为泥钙质半胶结，结构较为紧密，构成了盆地区域性的隔水底板，其上覆盖了数十米至数百米厚的第四系沙砾岩，是地下水的良好储存场所。

敦煌盆地地下水类型分为第四系松散岩类孔隙水、第三系碎屑裂隙孔隙层间水和前中生界变质岩、火成岩裂隙水三个系统。其中，第四系松散岩类孔隙水与莫高窟关系最为密切，它分为孔隙潜水和孔隙承压水，孔隙潜水主要分布于党河、大泉河洪积扇、市区附近古河道及党河、疏勒河冲湖积平原。孔隙承压水主要分布于洪积平原及冲湖积平原100 m以下的深部含水层。

敦煌盆地地下水主要来自党河水的自然渗漏和灌溉渠系渗漏及田间灌溉入渗补给,其次来自南部沟谷地下潜流或基岩裂隙水的侧向补给。盆地地下水总体上是由南向北径流至疏勒河主河道,排泄方式以人工井群开采为主。地下水水质受主要补给源党河水质的影响,在盆地南部和中部党河河谷及其影响范围内以淡水为主,矿化度<1 g/L,水化学类型属于 HCO_3^-—SO_4^{2-}—Mg^{2+}—Ca^+ 型水和 SO_4^{2-}—Cl^-—Mg^{2+}—Ca^+ 型水。在盆地北部和远离党河地带,地下水为微咸水或咸水,水化学类型为 SO_4^{2-}—Cl^-—Mg^{2+}—Na^+ 型或 Cl^-—SO_4^{2-}—Na^+ 型水。

5.3.2 莫高窟北戈壁滩地下水补给、径流、排泄条件

莫高窟北戈壁滩(也称千佛洞戈壁)主要展布于三危山以北至安敦公路以南地区,属大泉河洪积扇,表层由上更新统洪积沙砾石覆盖,厚10~70 m,为透水不含水岩层,下部为中更新统沙砾石夹含砾粗沙层及亚砂土、亚黏土层,结构疏松,孔隙率高,厚度50~250 m,分布稳定,是地下水赋存的良好空间(图5-8)。

莫高窟北戈壁地下水属孔隙潜水,水位埋深变化较大,由大泉河洪积扇顶部到前缘,水位埋深由深变浅。据莫高窟供水水文地质勘查钻孔资料,洪积扇上部水位埋深130~150 m,洪积扇中下部水位埋深90~130 m,到洪积扇的前缘文化路口及敦煌飞机场附近水位埋深16 m左右。

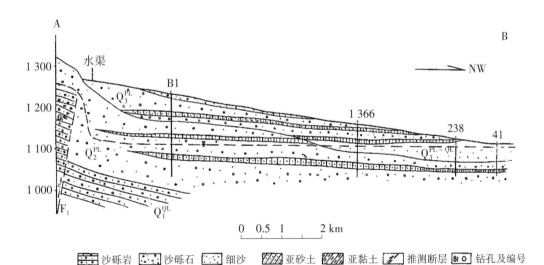

图5-8 大泉河洪积扇水文地质剖面图(选自敦煌区域水文地质普查报告)

莫高窟北戈壁地下水的补给来源主要有两个方面:一方面是大泉河水、三危山雨洪的渗漏补给,包括窟区绿化灌溉水的渗漏补给;另一方面是党河冲洪积扇地下水的径流补给。前者水质较差,水量很小;后者水质良好,水量较大。

　　地下水的径流受含水层条件和补给条件的综合影响，在大泉河洪积扇的上部，潜水径流略呈放射状，由洪积扇顶部向中部由南向北缓慢径流，大约在洪积扇中下部与党河冲积平原的地下水相混合。党河冲洪积扇地下水由西南向东北径流，水力坡度大约为0.27%，径流比较缓慢。

　　从局部区域来看，莫高窟北戈壁地下水的排泄主要表现为向东北方向的径流排泄。但是莫高窟北戈壁地下水的排泄与整个敦煌盆地一样，自1970年起，随着敦煌盆地人口的增加，开垦面积和农业灌溉需水量不断扩大，打井开采地下水的强度不断增加，导致地下水补给、径流、排泄平衡破坏，造成地下水位逐年下降，使地下水的排泄主要表现为人工开采方式，地下水已完全由人工控制而失去了自然排泄的属性。

5.3.3　地下水动态变化

　　自1970年起，敦煌盆地地下水开采量大于补给量的现实，导致逐年消耗含水层的静储量，正是这种多年不断对含水层静储量的消耗积累，才导致了整个敦煌盆地地下水位持续下降。据敦煌盆地地下水位动态观测资料显示，从20世纪60年代中期到2005年，敦煌盆地绿洲中心地带地下水累计下降幅度10 m左右，最大降幅约12 m，水位年均降幅在20~30 cm之间。由绿洲中心向外，地下水水位下降幅度逐步减小。由地下水超采造成的敦煌绿洲区地下水降落漏斗，不仅破坏了地下水的自然平衡，给当地生态环境造成不良影响，也给敦煌沙漠明珠——月牙泉的生存带来了严重危机。

　　莫高窟北戈壁属于敦煌绿洲的外围区，距绿洲中心10~15 km，这里的地下水位也随着敦煌盆地区域地下水位的下降而下降。参照月牙泉水位的下降幅度，推测莫高窟北戈壁地下水位降幅累积在7~8 m。

　　为了解莫高窟北戈壁地下水的变化及其与区域地下水的关系，2008年我们对莫高窟在文化路6 km、8 km两眼供水井的水位进行了为期1年的观测，要求每5天各观测1次。由于两眼井轮换抽水时间集中在每日8:00至23:00之间，在开机抽水之前观测井中水位作为静水位，在准备停止抽水之前观测井中水位作为动水位。

　　将每月5次观测数据取平均值作为当月的水位，绘制地下水位柱状图（图5-9、图5-10）。从观测数据和柱状图可见，两眼井的水位变化规律相同，静水位和动水位变化规律也完全相同，两者相差5 m左右。虽然观测资料仅有1年，不足以说明地下水位持续下降的趋势，但可以明显反映出地下水位在1年内的变化情况。文化路6 km水井1年中静水位最高为1 100 m，出现在1月，最低水位1 095.5 m，出现在8月和9月，水位变化幅度4.5 m。文化路8 km水井1年中静水位最高为1 103 m，出现在1月，最低水位1 098 m，出现在9月上旬和中旬，水位变化幅度达5 m。

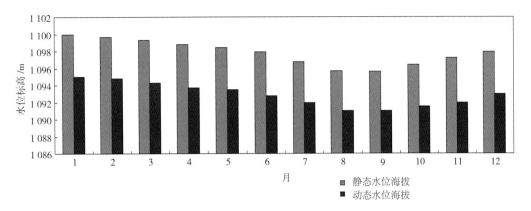

图5-9 文化路6 km抽水井水位变化图（2008）

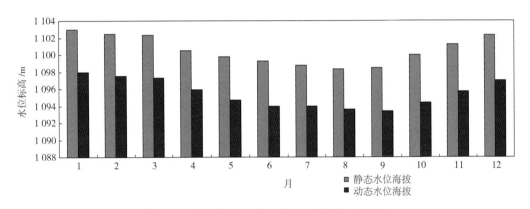

图5-10 文化路8 km抽水井水位变化图（2008）

从水位观测资料还可以看出，地下水位随季节性变化的规律十分明显，两眼水井在6月、7月、8月和9月为水位较低时期。在11月、12月、1月、2月和3月为水位相对较高时期，最高水位出现在1月。显然，这种变化规律与敦煌绿洲4—10月为灌溉用水期密切相关，证明莫高窟北戈壁地下水与敦煌盆地地下水属一个系统，敦煌盆地地下水位变化受人工开采量的控制。

5.3.4 地下水水质

莫高窟北戈壁滩不同深度地下水含水层的沉积环境不同，不同地带地下水的补给来源、径流条件、排泄形式不同，导致了地下水化学成分在不同深度、不同地带具有不同的特征。

大泉河水对北戈壁滩地下水的补给仅在上游地带，且补给量比较小，而在北戈壁滩中下游地带主要受党河古河道地下水的径流补给，且补给量比较大，由此使得莫高窟北戈壁滩（大泉河洪积扇）中下游地带地下水相对丰富，水质较好。2006年我们分别在文化路6 km、8 km水井取水样，其井深分别为206 m和210 m，抽取100 m以下含水层地下水，其水样代表大泉河冲洪积扇中下部地带的深层地下水；同时在文化路口西边苏家墩井深小于80 m的水井取样，代表洪积扇前缘地带浅层地下水。

按照《地下水质量标准》（GB/T14848-93）中的有关规定，选取监测项目pH值、总溶解固体、硬度、氯化物、硫酸盐、NO_3—N、NO_2—N、F^-、Fe、Pb、Hg、Cd、Mn、粪大肠菌群共14项，进行水质监测并分析结果（表5-11）。

表5-11　地下水水质监测分析结果

序号	水质指标	6 km水井			8 km水井			苏家堡水井		
		监测值	质量类别	评价分值	监测值	质量类别	评价分值	监测值	质量类别	评价分值
1	pH值	7.87	Ⅰ	0	7.96	Ⅰ	0	7.2	Ⅰ	0
2	总溶解固体	609.78	Ⅲ	3	827.62	Ⅲ	3	1 990	Ⅳ	6
3	硬度	300.83	Ⅲ	3	335.67	Ⅲ	3	799	Ⅴ	10
4	氯化物	138.29	Ⅱ	1	199.94	Ⅲ	3	324	Ⅳ	6
5	硫酸盐	127.84	Ⅱ	1	186.88	Ⅲ	3	322	Ⅳ	6
6	NO_3—N	2.901	Ⅱ	1	2.871 8	Ⅱ	1	7.24	Ⅲ	3
7	NO_2—N	0.003 8	Ⅱ	1	0.001	Ⅰ	0	0.003	Ⅱ	1
8	F^-	0.86	Ⅰ	0	0.998 3	Ⅰ	0	0.32	Ⅰ	0
9	Fe	0.024 5	Ⅰ	0	0.047 2	Ⅰ	0	未检出	Ⅰ	0
10	Pb	0.005	Ⅰ	0	0.005	Ⅰ	0	未检出	Ⅰ	0
11	Hg	0.000 06	Ⅱ	1	0.000 06	Ⅱ	1	未检出	Ⅰ	0
12	Cd	未检出	Ⅰ	0	未检出	Ⅰ	0	未检出	Ⅰ	0
13	Mn	0.066 7	Ⅲ	3	0.069 7	Ⅲ	3	未检出	Ⅰ	0
14	粪大肠菌群[①]	<3	Ⅰ	0	<3	Ⅰ	0	<3	Ⅰ	0
	计算结果	$F_{max}=3$ $\overline{F}=1.08$ $F=2.25$（综合评价值） 水质级别：良好（Ⅰ类）			$F_{max}=3$ $\overline{F}=1.31$ $F=2.31$（综合评价值） 水质级别：良好（Ⅰ类）			$F_{max}=10$ $\overline{F}=2.46$ $F=7.28$（综合评价值） 水质级别：极差（Ⅰ类）		

注：[①]单位为CFU/100 ml；其他单位除pH值及注明外，均为mg/L。

从表5-11可知，文化路6 km、8 km两个水井地下水除粪大肠菌群外的13项参评项目综合评价分值为2.25和2.31。6 km处水井，监测项目单项分值最高的是总溶解固体、硬度和Mn，达到地下水水质Ⅲ类3分。8 km处水井，监测项目单项分值最高的是总溶解固体、硬度、氯化物、硫酸盐和Mn，都达到水质Ⅲ类3分。而苏家堡浅层水除粪大肠菌群外的13项参评项目综合评分值为7.28，其中硬度单项分值最高，达到水质Ⅴ类10分。

按综合评价分值可将莫高窟北戈壁（也称千佛洞戈壁）地下水评定为：文化路6 km、8 km水井深层地下水质量良好（Ⅰ类）；苏家堡浅层地下水水质极差（Ⅰ类）。

从以上评价结果可以看出，以苏家堡水井水样为代表的浅层地下水矿化度高，硬度大，不符合饮用水水源标准，不能用于生活供水水源，只能用于绿化和灌溉。文化路6 km、8 km水井代表的100 m以下的深层地下水，水质良好，可用于生活供水水源。

5.4 窟区的供水与排水

5.4.1 供水

窟区的供水分生活供水和窟区绿化供水。为解决窟区生活供水问题，1996年8月由西北市政设计院设计在距文化路8 km处打206 m深井一眼，1999年6月又在文化路6 km处打210 m深井一眼，两眼井均位于大泉河冲洪积扇中下部，可靠供水能力达480 m³/d，水质良好（Ⅰ类），符合国家饮用水水源标准。按照2006年莫高窟生活现状用水量最高值为119.75 m³/d，其他（施工）用水量为168.75 m³/d来预算，两眼供水井能够满足窟区生活用水和保护利用工程用水需求。

窟区绿化用水源为大泉河水，截引流入窟区的可利用量约85×10⁴ m³/a，水的矿化度较高，硬度偏大，属微咸水，既不符合饮用水水源标准，也不符合灌溉水标准。但它是极度干旱区莫高窟唯一的天然水源，是莫高窟1 600多年来建设、发展、传承、保护和维系窟区小绿洲的源泉。

随着时代的发展，莫高窟保护、研究、利用、管理水平及相关设施得到逐步改善，窟区供水也由单一的自备地下水井供给向敦煌市市政管网联合供水转化，以实现不间断双水源供给，使莫高窟的供水更加安全可靠且有保障。

5.4.2 排水

窟区为国家重点文物保护区，按照规定重点保护区内不允许有污染物排放，但由于文物保护及管理工作的需要，有部分工作人员长期居住在窟区内，加上众多游客在窟区的游览活动，必然产生一定量的生活污水。据2006年调查统计，窟区的最大日生活用水量为119.75 m³/d，考虑干旱区蒸发消耗大的因素，排水量按照用水量的65%计，则生活污水排放量为77.8 m³/d。这些污水在窟区形成了大小不等的5处排放口，具体情况见表5-12。

表5-12　窟区生活污水排放情况（2006年）

序号	排放口位置	排放量	主要污染物	产生规律	处理方法及去向
1	窟区岗楼北约200 m处的大泉河河床，距右岸堤坝1 m处	46 m³/d	SS，COD_{cr}，NO_3—N	连续	经过化粪池处理后由管道排入大泉河道，蒸发或下渗
2	北窟区中段前的大泉河河床，距窟区堤坝10 m处	7 m³/d	SS，COD_{cr}，NO_3—N	连续	经过化粪池处理后由管道排入大泉河道，蒸发或下渗
3	停车场和莫高山庄西侧河堤下1 m处	8 m³/d	SS，COD_{cr}，NO_3—N	连续	经过化粪池处理后由管道排入大泉河道，蒸发或下渗
4	南窟区中段前大泉河河床，距窟区堤坝10 m处	6 m³/d	SS，COD_{cr}，NO_3—N	连续	经过化粪池处理后由管道排入大泉河道，蒸发或下渗
5	办公楼北侧林带中	10 m³/d	SS，COD_{cr}，NO_3—N	连续	经过化粪池处理后由管道排入大泉河道，蒸发或下渗

　　污水监测的采样点为1号排污口，即窟区大泉河道最下游距岗楼约200 m处排量最大的排污口。因为评价区内的污水类型都属生活污水，5个排污口污水的各项指标浓度相似，所以本次的监测结果可以代表整个评价区污水的污染程度。采样和检测分析工作由酒泉市环境监测站承担完成。

　　污水排放执行《污水综合排放标准》（GB8978-1996），采用单因子指数评价方法，计算3天样品监测中的最大污染指数，可得窟区污水质量评价结果（表5-13）。

表 5-13　　污水特定成分监测评价结果（2006 年）

序号	项目	浓度范围	排放限值	最大污染指数
1	pH 值	7.57～7.88	6～9	0.44
2	NO_3—N	1.895～1.91	15	0.127
3	NO_2—N	0.039～0.071	—	—
4	COD_{cr}	210.52～279.7	100	2.80
5	F^-	1.01～1.35	10	0.14
6	Pb	0.025 27～0.043 9	1.0	0.04
7	Hg	0.005 32～0.006	0.05	0.12
8	Cd	0.016 21～0.018 54	0.1	0.19
9	Mn	0.095～0.176	2.0	0.09
10	粪大肠菌群[①]	<3		0

注：[①]单位为 CFU/100 ml；其他单位除 pH 值及注明外，均为 mg/L。

　　从监测结果及分析可以看出，化学需氧量超标，其最大污染指数为 2.80，3 天的浓度均值为 245.015 mg/L（一级标准限值：100 mg/L）。其他监测指标均在污水标准限值内。污水排放不符合《污水综合排放标准》（GB8978-1996）要求。

　　从窟区生活污水排放口分布和排放情况来看，除了敦煌研究院办公楼北边林带中的排污口，其他 4 个排污口都分布在莫高窟重点保护区内，且污水只经过化粪池处理直接排放，不符合《中华人民共和国文物保护法》第十九条规定，应限期治理。

　　2014—2015 年莫高窟对窟区污水进行了综合治理，敷设了污水管网，在窟区最下端大泉河左岸修建了地埋式污水生化处理站，实现了窟区污水全收集、集中处理，中水绿化，达标排放。

5.5　水环境影响与应对措施

5.5.1　有利影响

　　莫高窟唯一的地表河流是大泉河，它对莫高窟的选址、洞窟开凿建设和发展历史都有着直接的影响。

在第四纪以来的地质历史上，大泉河的冲洪积作用形成了莫高窟的洞窟地层，新构造的震荡性升降运动和大泉河的冲刷下切作用又形成了近乎直立的崖体。这个直立的崖体地层形成于中更新世，其物质成分是颗粒相对均匀的沙砾岩，成岩程度一般，为既不坚硬又不松散的钙质、泥质胶结，正好利于人工开凿洞窟。崖体的延伸总长度近2 km，高度在5～45 m，这就为莫高窟建设选址奠定了地质基础。

自公元4世纪莫高窟开始建造以来，大泉河不仅为洞窟开凿建造者、僧侣及守护者们提供了稳定的生活水源，而且这条河流在岸边静水沉积的细颗粒泥土（澄板土）为洞窟壁画的制作提供了天然黏土材料。时至今日，这条河流依然是莫高窟不可多得的宝贵资源。可见，大泉河在莫高窟建造和发展过程中起到了重要的作用。

大泉河虽然是干旱环境中一条很小的内陆河流，但它为莫高窟增添了难得的生命气息，为窟区植物生长、小绿洲的形成提供了源源不断的水源。与此同时，在自然景观上也为莫高窟增加了与极干旱区具有强烈反差的色彩。

莫高窟北部戈壁滩（也称千佛洞戈壁）下面蕴藏的地下水，于1996年通过水文地质勘探，发现在距离莫高窟大约5 km以北的地带赋存有较为丰富的淡水资源，其补给源为党河古河道。据此，在文化路8 km、6 km处打了两眼深井，作为莫高窟的供水水源，从此结束了莫高窟工作人员饮用大泉河苦咸水的历史，结束了依靠驴驮车拉补充淡水供应的历史。

5.5.2 不良影响

5.5.2.1 引发洪水灾害

虽然大泉河通常流量平均值只有0.076 4 m³/s，即每秒76.4 kg，但由于它的流域面积达1 114.6 km²，加之干旱区降雨主要集中在夏季，并且以来势凶猛的暴雨形式出现，据推算大泉河五十年一遇洪峰流量为305 m³/s，百年一遇洪峰流量为450 m³/s，千年一遇洪峰流量为620 m³/s。可见，洪水是莫高窟面临的主要自然灾害之一。

据大泉河河谷洪水痕迹和莫高窟地层洞窟洪水沉积物年代测定，在距今约600年的时代，大泉河曾发生过一次特大洪水，冲刷莫高窟崖体，造成崖体崩塌和部分洞窟前室坍塌，同时造成一些下层洞窟被淹的严重事件。近五十年以来的观测也表明，大泉河几乎每年都可能发生洪水。其中1979年、1997年，2011年（图5-11）和2012年的洪水较大，洪流直逼莫高窟崖下，使部分底层洞窟进水，造成潮湿、壁画酥碱等危害，使莫高窟洞窟文物遭受了严重损失。

图5-11   2011年6月16日莫高窟遭遇特大洪水

5.5.2.2   造成洞窟潮湿和酥碱

窟区以荒漠和干旱为特征,但是大泉河和窟区小绿洲为莫高窟增加了景色,同时也或多或少为窟区增加了潮湿度,主要是水体直接蒸发和土壤植被水分的蒸发蒸腾作用带来的小环境效应。尤其是暴雨引发洪水在窟区蔓延后,会造成地面土体和近地表岩层含水量和潮湿度显著增加,对石窟文物造成难于防范的不良影响。

从窟区潮湿度增加对石窟文物影响的长效机制来看,主要是土壤及包气带岩层非饱和水的运移所造成的影响。非饱和水是地下水的一种类型,通常人们称之为"水汽"或"地气"。非饱和水虽然难以开发利用,没有供水价值,但能够被植物吸收,对气候具有调节作用,具有生态价值。窟区非饱和水的来源,一是窟区绿化灌溉水入渗,二是埋藏于地下17~20 m深度的地下水含水层(上层滞水),三是超过15 mm降水的入渗。其中窟区绿化灌溉水是窟区非饱和水的主要来源,它源源不断地向莫高窟崖体方向运移,增加了底层洞窟的潮湿度,导致壁画和地仗的酥碱病害,对洞窟文物保护造成严重影响。

据20世纪90年代现场调查,莫高窟有近100个洞窟存在着不同程度的壁画酥碱病害,其中有56个洞窟壁画酥碱相当严重,主要分布在位置较低的下层洞窟。酥碱破坏壁画的机理主要是地仗层中的水盐作用,生成了含水硫酸盐矿物晶体。由于硫酸盐矿物晶体中络阴离子 $(SO_4)^{2-}$ 半径相对很大,它与半径相对小的阳离子结合时易在阳离子外面围上一层水分子,所以它可以形成稳定的含水硫酸盐。这种水化作用的显著特点是矿物晶体的体积增大,如 $CaSO_4$ 水化成 $CaSO_4 \cdot 2H_2O$ 时体积增加1倍, $MgSO_4$ 水化成 $MgSO_4 \cdot 7H_2O$ 时体积增加4倍。当它们在洞壁、地仗层孔隙中沉淀形成时,就会改变土粒间的结构。此外,固相与液相之间的阳离子交换作用,如黏粒上的二价离子 Ca^{2+} 被两

个一价离子 Na^+ 交换后，可增大扩散层的厚度，会导致土粒间距变大而趋于分离。总之，硫酸盐的水化作用和阳离子交换作用都会造成地仗层疏松、脱皮或散落。酥碱地仗层具有碱土性质，遇水易分散，干燥易收缩，对壁画的破坏性极大。

5.5.3 水环境与文物环境保护措施

5.5.3.1 保护大泉河水环境

由于大泉河对莫高窟的建造、发展、保护起着决定性作用，大泉河水资源又是莫高窟小绿洲的生命线，是当地生态环境持续发展的源泉所在。因此，保护好大泉河流域水源对莫高窟至关重要。大泉河水环境的保护涉及整个流域，尤其要保护好产流区生态植被，增加野马南山人工护林、人工育林力度，增强水源涵养作用，以消减暴雨洪峰流量。要根据流域草场载畜量，合理制定牧业发展规模，禁止砍柴、打猎、烧荒等行为，维护自然生态平衡。禁止在大泉河流域采沙、采矿，尤其严格禁止建设排放污染物的企业，避免大泉河水源遭受污染。

5.5.3.2 建立洪水防护体系

由于大泉河流域从祁连山到莫高窟地面坡降及河流纵比降大，洪水流速快，来势凶猛，对莫高窟文物安全构成较大的威胁，必须高度重视，做好防洪体系建设。

（1）按照五百年一遇洪水设计，在莫高窟大泉河沿岸建设防洪堤坝，选用高强度砼坝体，表面镶嵌当地卵石和砾石以保持防洪堤坝与景观协调。

（2）在窟区大泉河大桥桥体及其附近防洪堤坝迎水面安装测流设施，以记录大泉河洪水流量过程线及洪峰流量，为莫高窟防洪预警提供技术资料。

（3）在大泉河上游产流区浩布勒格村（浩布拉村）、大泉或大拉牌河段建立降雨自动监测站和洪水自动观测站，将监测数据通过互联网或专属线路传输至敦煌研究院文物环境监测中心，随时了解大泉河发源地水情，为防洪防灾服务。

（4）建立莫高窟洪水风险监测预警体系，根据大泉河上游洪水发源地降水汇流自动监测数据，一旦预判出暴雨洪水，立即启动应急预案，采取有效措施防洪防灾，确保莫高窟文物安全。

5.5.3.3 做好洞窟防水防渗

已有研究表明，莫高窟壁画酥碱的发生无不与水分参与盐分的溶解、运移、表聚、重结晶等作用有关。因此，要防治壁画酥碱，就必须以防水防渗为重点做好窟区水环境治理。

（1）优化绿化灌溉体系，控制灌溉水侧向入渗。为了遏制窟区绿化灌溉对石窟文物的不良影响，自2000年起，取缔了靠近石窟的引水渠道，灌溉形式由漫灌改为喷灌和滴灌，使侧向入渗问题得到了缓解。但是底层洞窟潮湿和酥碱问题还没有得到根本改善，还需要进一步完善窟区绿化灌溉体系，逐步缩减靠近洞窟崖体的绿化带，扩大洞窟崖体与绿化带之间的距离，实施以滴灌为主的绿化灌溉方式；同时，开展控制地层非饱和水运移技术研究，采取工程阻隔或植物阻隔措施，控制非饱和水向洞窟方向的运移。

（2）做好洞窟崖体及30 m范围防水防渗。为预防雨水和洪水在洞窟崖体前积水对石窟文物的侵害，可修筑窟区积水收集及安全排水系统，重点做好洞窟崖体前30 m范围内场地防渗、导水、排水系统，使降水和其他积水能及时排走。通常可采用防渗透气材料敷设洞窟崖体前地面，避免混凝土地面或封缝石材地面的锅盖效应，使地下水汽通过自然蒸发逸散，从而减少非饱和水向洞窟方向的运移。

对存在漏雨或雨水渗透隐患的薄顶薄壁洞窟需要进行加固和防雨修缮，对洞窟围岩卸荷裂隙进行封堵，杜绝雨水渗漏损害文物的现象。

（3）实施窟区"三控"。莫高窟之所以能够比较完整地保存到今天，主要是得益于干旱的气候环境，稳定的地质环境，偏僻的社会环境。为了保持利用好莫高窟文物保存的干燥环境，应当在窟区长期实行"三控"，即控制用水总量、控制绿化面积、控制游客人数。

控制窟区用水总量对防治水环境对洞窟文物的不良影响具有重要意义，要有效利用大泉河水源，合理控制生活供水量，谨防盲目向窟区调入外来水源。大力提倡节约用水，减少污水排放量。

控制窟区绿化面积，要保持现有24.5 hm²绿化面积基本稳定，优选绿化物种，控制绿化灌溉水量，维护窟区小绿洲生态结构稳定。

控制窟区人数必须以文物安全和生态环境安全为前提，以游客容量、环境容量为基准，合理限制游客数量，控制或减少窟区常住人员和各类工作人员的数量，同时控制窟区资源和能源的消耗量。

6　生物环境

极度干旱缺水的环境造就了窟区基岩裸露、戈壁沙漠广布、物种稀少、结构简单、植被覆盖度很低的生物环境状况，唯有流经窟区的小河流养育了一片微小绿洲，给广袤戈壁沙漠包围的窟区注入了绿色生命气息，对营造窟区小环境起到了重要作用，对文化遗产保护、利用、美化旅游环境产生了积极而富有特色的影响。

6.1　自然植被

6.1.1　自然植被概况

莫高窟所处地区属典型的荒漠区，地貌以裸露基岩山地（三危山）、沙漠（鸣沙山）及戈壁（千佛洞戈壁）为主（图6-1），其面积超过全区面积的95%，具有典型荒漠戈壁生态景观特征，主要表现为植被类型简单（图6-2），植物群落组成单一，群落盖度很小的特点。

窟区主要分布着一些耐盐耐旱的植物群落，如沙拐枣（*Calligonum mongolicum* Turcz.）、翼果霸王（*Zygophyllum pterocarpum* Bunge.）以及金盏菊（*Calendula officinalis* L.）等被子植物；侧柏［*Platycladus orientalis*（L.）Franco.］、膜果麻黄（*Ephedra przewalskii* Stapf.）等裸子植物；还有泡泡刺（*Nitraria sphaerocarpa* Maxim.）、罗布麻（*Apocynum venetum* L.）、合头草（*Sympegma regelii* Bunge.）等灌丛；裸果木（*Gymnocarpos przewalskii* Maxim.）、胡杨（*Populus euphratica* Oliv.）等国家级保护植物；在一些地势低凹处，还分布有骆驼刺草甸（*Alhagi maurorum* Var. *sparsifolium*）、胀果甘草草甸（*Glycyrrhiza inflata* Batal.）以及芦苇草甸（*Phragmites communis*）。

图6-1　沙漠戈壁荒漠包围的莫高窟（孙志军　摄）

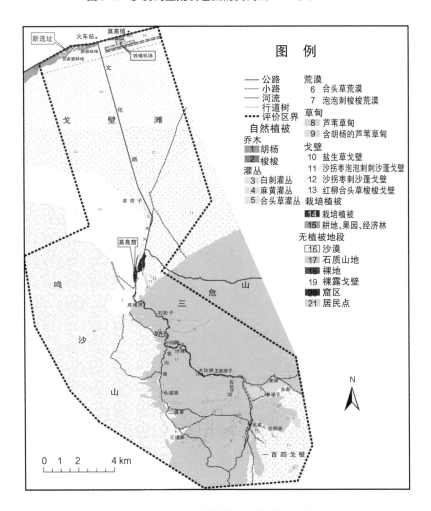

图6-2　莫高窟保护区植被类型分布图

为改善自然植被简单、种类单一的状况，自20世纪50年代以来，敦煌研究院十分重视窟区的绿化和风沙防治工作，特别是1984年以后，始终把窟区生态环境建设作为石窟文物保护的重要组成部分，大力发展窟区绿化，截至2007年已建成约28.4 hm²的人工绿洲，构成了沙漠中的独特风景线，改善了窟区小气候和生态环境质量。

6.1.2　自然植被种类

为了解窟区自然植物类型及分布情况，敦煌研究院保护研究所和兰州大学资源环境学院联合对窟区自然植被进行了野外调查和评价，选择15处具有代表性的样方和2段疏林带，对植物的种类、盖度、生物量等进行了统计分析。结果表明窟区现有种子植物32科、87属、125种（包括人工种植）。其中裸子植物3科、4属、5种；被子植物29科、83属、120种。样方植被密度、优势度、生物量统计表和样方植被频度统计表见表6-1和表6-2。植被样方分布如图6-3。

表6-1　样方植物密度、优势度、生物量统计表

编号	位置	土地类型	样方面积 /m²	植被种类	密度	优势度	生物量 /kg·hm⁻²
1	莫高窟南	河滩地	400	胡杨 沙枣树、多枝柽柳 芦苇、苦豆子 鹅绒藤、冰草 胀果甘草	0.11 0.005 0.3 0.2 0.2	80%	1 490 （鲜重）
2	窟顶鸣沙山坡脚	沙漠	400	泡泡刺 梭梭 刺沙蓬、沙米	0.775 0.045 0.1	35%	45 （鲜重）
3	窟顶人工植物固沙带	戈壁	240	梭梭 柠条 花棒、沙拐枣	0.083 0.083 0.042	55%	600 （鲜重）
4	窟顶戈壁	戈壁	10 000	泡泡刺	0.000 1	0.01%	0.015 （鲜重）
5	文化路3 km，西1.8 km	戈壁	100	盐生草 猪毛菜	1.5 0.01	2.5%	1.2（干重）

续表6-1

编号	位置	土地类型	样方面积/m²	植被种类	密度	优势度	生物量/kg·hm⁻²
6	文化路8 km，西1 km	戈壁	400	戈壁沙拐枣 泡泡刺 刺沙蓬 盐生草	0.007 5 0.002 5 0.035 0.002 5	0.5%	1.15（鲜重）
7	文化路8 km，东500 m	戈壁	400	沙拐枣 刺沙蓬 盐生草	0.012 5 0.435 0.037 5	0.4%	0.78（鲜重）
8	文化路11.5 km，东台地	戈壁	400	戈壁沙拐枣 泡泡刺 刺沙蓬 盐生草	0.002 5 0.005 0.2 0.1	0.3%	0.35（鲜重）
9	三危山北麓	石质山地	25	裸果木 翼果霸王	0.2 0.08	10%	48（鲜重）
10	成城湾	大泉河漫滩	1	芦苇	532	100%	580（鲜重）
11	成城湾	大泉河漫滩	1	罗布麻 柽柳 沙地旋覆花	43 9 10	90%	250（鲜重）
12	成城湾	大泉河漫滩	1	胀果甘草 芦苇	42 100	95%	200（鲜重）
13	旱界子	大泉河漫滩	1	骆驼刺	8	40%	75（鲜重）
14	旱界子河段	大泉河左右两岸边	—	胡杨（高于2 m）	—	35棵/100 m	—
15	小拉牌	大泉河漫滩	—	沙枣树 柳树	—	18棵/100 m	—
16	南麻黄沟	沙砾石干河床	400	膜果麻黄 裸果木 翼果霸王	0.125 0.002 5 0.002 5	1.5%	7（鲜重）
17	三危山西麓	石质山地	400	合头草(黑柴) 红砂	0.007 5 0.002 5	1%	3.0（鲜重）

表6-2 样方植被频度统计表

植被名	裸果木	梭梭	胡杨	膜果麻黄	沙拐枣	霸王	泡泡刺
频度 /%	13.3	13.3	6.6	6.6	13.3	13.3	26.7
植被名	多枝柽柳	骆驼刺	芦苇	沙地旋覆花	刺沙蓬	盐生草	罗布麻
频度 /%	6.6	6.6	20	6.6	26.7	26.7	6.6
植被名	胀果甘草	柠条	花棒	戈壁沙拐枣	苦豆子	鹅绒藤	冰草
频度 /%	13.3	6.6	6.6	13.3	6.6	6.6	6.6
植被名	柽柳	红砂	沙米	沙枣	猪毛菜	合头草	
频度 /%	13.3	6.6	6.6	6.6	6.6	6.6	

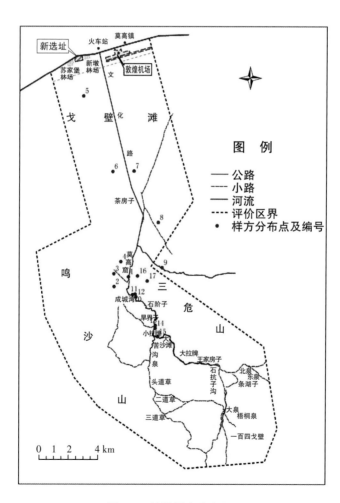

图6-3 植被样方分布图

受样方选择数量及样方位置的限制，虽然一些植物频度统计存在一定的正负误差，但表6-2与实际情况基本相符，总体符合莫高窟保护区的植物分布状况。

6.1.3 国家级重点保护植物

根据《中国植物红皮书》和原国家林业局下发的《国家重点保护野生植物名录》，窟区内共有国家级保护植物3种。

6.1.3.1 裸果木（*Gymnocarpos przewalskii* Maxim.）

国家二级重点保护植物。该种植物属石竹科落叶灌木，耐干旱、寒冷和瘠薄土壤，抗风沙能力强，是构成石质荒漠植被的重要建群物种，主要分布在三危山山麓及坡脚地带（图6-4）。

6.1.3.2 胡杨（*Populus euphra tica* Oliv.）

国家三级重点保护植物，属杨柳科，乔木，高可达20 m，叶形多变化，萌生枝上叶条状披针形，成年枝上叶为卵形或三角状卵圆形。它是荒漠河岸林的建群种，对稳定荒漠河流地带的生态平衡，防风固沙，调节绿洲气候有十分重要的作用。主要分布在窟区南一级阶地和旱界子大泉河两岸（图6-5）。

图6-4 莫高窟东面三危山上的裸果木

图6-5 莫高窟南侧的胡杨林

6.1.3.3 梭梭 [*Haloxylon ammodendron*（C.A.Mey.）Bunge]

国家三级重点保护植物，属藜科，小乔木，有时呈灌木状，生长在窟区半固定和固定沙丘上，也能生长在水分异常缺乏的洪积石质戈壁和剥蚀石质山坡，是防风固沙的优良树种，具有重要的经济价值。主要分布在沙漠和戈壁（图6-6）。

图6-6   莫高窟西南鸣沙山上的梭梭

6.2   人工种植及窟区绿化

莫高窟自建窟以来，始终重视窟区绿化，因为绿化不仅能美化环境，给干旱戈壁沙漠区带来生命气息，而且能防风固沙，对减少洞窟风沙侵蚀具有重要作用。尤其是1984年以来，敦煌研究院更加重视窟区防风绿化和生物治沙，把绿化作为窟区生态环境建设和石窟环境保护的重要内容。经过多年的努力，在窟区形成了稳定的绿化灌溉渠系和小型绿洲（图6-7），构成了戈壁沙漠中一道独特的风景线。

图6-7   窟区的小型绿洲

图6-8 莫高窟绿化分区与渠系平面分布示意图

6.2.1　绿化渠系

窟区的绿化主要依靠大泉河水源，由人工开渠将大泉河水引到窟区高河漫滩和 I 级阶地浇灌林地。20世纪80年代以前，一直沿用沙土坝拦截大泉河水源，土渠引水灌溉，拦水坝和渠系常被洪水冲垮，长期重复着引水渠系冲了再建，建了再次被冲的局面。这不仅造成劳动力的浪费和水土流失，而且使窟区绿化灌溉缺少水源保障，严重制约着窟区防风治沙林带的建设。

1990年，敦煌研究院在莫高窟南700 m的河床建了混凝土拦河坝，将大泉河流水全部拦截，同时在河床两岸修建了水泥预制板衬砌的引水渠道，在春、夏、秋季几乎将大泉河水全部引入窟区作为绿化用水。随着窟区绿化面积的扩大，引水渠系也随之延伸，逐渐在大泉河左、右两岸建成了不同层次的绿化灌溉渠系，从而完善了大泉河拦水、引水系统，使窟区绿化灌溉有了保障。

为便于进一步完善绿化灌溉渠系，便于绿化管理，2006年在对窟区小绿洲树种进行调查统计的同时，对灌溉渠系进行了分类命名，对林带做了分区编号。

绿化引水渠道分列于大泉河两岸的主渠道，分别称为东干渠和西干渠。东干渠下接东一支渠、东二支渠和东三支渠；西干渠下接西一支渠、西二支渠。除东三支渠和东一支渠，其他支渠均有辅渠。图6-8为莫高窟绿化分区与渠系平面分布示意图。

窟区绿化灌溉方式以漫灌为主，每年4—11月上旬为灌溉期，除大泉河发生洪水时间之外，几乎昼夜截引大泉河水流，以常年流水轮换浇灌窟区大泉河两岸林地，轮换周期约10天。为防治靠近窟区的绿化灌溉水入渗对洞窟文物的影响，1999年以后，对窟区渠道做了改道，窟区约30 m以内的林带统一采用了滴灌。

6.2.2　绿化面积

为进一步了解窟区绿化面积、绿化树种及其数量，2007年9月和2008年2月，我们以 QuickBird 卫星影像为底图，对整个窟区绿化情况进行了调查，调查范围包括窟区小绿洲和窟顶防风固沙林带。

根据窟区绿化带灌溉渠系分布、林带位置、地形与地势特点，可将窟区小绿洲划分为31个小区块（图6-8），并做出编号，其中窟区大泉河左岸（西岸）划分为20个区块（1～20区），大泉河右岸（东岸）划分为11个区块（21～31区）。经过逐个区块测量统计，得出窟区绿化总面积为245 166.1 m²（约368亩），其中大泉河左岸绿化面积为120 244.58 m²（约180.3亩），右岸办公东区绿化面积为124 921.53 m²（约187.4亩）。窟区绿化分区及面积统计见表6-3。

表6-3　窟区绿化分区及面积统计表

分区	面积 /m²	植被盖度/%	绿化面积 /m²
1区	2 003.010 6	30	600.903 18
2区	7 064.514 6	75	5 298.386
3区	2 610.909 4	90	2 349.818 5
4区	10 202.189 5	85	8 671.861 5
5区	9 267.983 4	80	7 414.386 7
6区	14 527.273 4	45	6 537.272 9
7区	1 645.376 5	100	1 645.376 5
8区	1 279.599 1	100	1 279.599 1
9区	19 346.769 5	90	17 412.093
10区	7 184.881 8	95	6 825.637 7
11区	7 784.366 2	95	7 395.147 9
12区	4 199.114 3	95	3 989.158 6
13区	7 821.937 5	95	7 430.840 6
14区	6 153.657 7	95	5 845.974 8
15区	4 981.065 4	95	4 732.012 1
16区	15 115.173 8	95	14 359.415
17区	8 500.524 4	95	8 075.498 2
18区	5 225.429 2	100	5 225.429 2
19区	3 512.344 0	80	2 809.875 2
20区	2 606.546 9	90	2 345.892 2
21区	23 039.984 4	15	3 455.997 6
22区	18 416.937 5	25	4 604.234 5
23区	30 886.525 4	5	1 544.326 3
24区	20 565.957 0	95	17 537.659
25区	9 187.977 5	95	8 728.578 6
26区	9 797.998 0	90	8 818.198 2
27区	50 240.117 2	75	37 680.088
28区	23 199.730 5	45	10 439.879

续表6-3

分区	面积 /m²	植被盖度/%	绿化面积 /m²
29区	29 014.318 4	85	24 662.17
30区	5 539.509 8	75	4 154.632 4
31区	3 469.222 7	95	3 295.761 6
总计	364 390.95		245 166.1

6.2.3 绿化树种统计

以划分的区块为单元，作者团队分别调查统计了绿化树木的种类和数量。粗略统计窟区小绿洲树木种类有35种左右，优势树种杨树和榆树的树干直径在30～50 cm，甚至有树干直径大于50 cm的特大树木。其他树种的树干直径在10～30 cm之间。此外，由于侧柏、红柳为5～8棵组成一簇，所以在调查统计中给予了区别对待。通过这次实地调查，初步完成了对窟区小绿洲林带的划分、树种及数量的实测统计。莫高窟绿化分区及树种数量调查表见表6-4。

表6-4 莫高窟绿化分区及树种数量调查表

区号	位置	绿化面积/m²	主要树种及数量/棵或簇								绿篱/m	其他树种及数量
			杨树	侧柏	榆树	桧柏刺柏	红柳	柳树	沙枣树	桃树、苹果树、杏树、梨树		
1	拦河坝至窟区南胡杨林沿渠	600.903 18	3				6	30	20			
2	窟区南胡杨林区	5 298.386							14			胡杨365棵
3	窟区南端前区	2 349.818 5	194	85	5				32	1		
4	花棚南侧块区	8 671.861 5	1	485	56	11		6		16		桑树1棵
5	上寺南侧块区	7 414.386 7	55	49	46	31		6	2	68		小沙果树6棵

续表6-4

区号	位置	绿化面积/m²	主要树种及数量/棵或簇								绿篱/m	其他树种及数量
			杨树	侧柏	榆树	桧柏、刺柏	红柳	柳树	沙枣树	桃树、苹果树、杏树、梨树		
6	上、中寺，九层楼广场	6 537.272 9	89		39	66		2		8	91.8	桑树3棵；小沙果树7棵；毛柳3簇；枣树1棵；龙爪槐2棵；爬地柏7簇；九层楼前小广场有草坪7块，占广场总面积的40%～45%
7	滨河路南段行道树	1 645.376 5	268	94								
8	滨河路南段至中段行道树	1 279.599 1	80	23				37				
9	葡萄长廊及以东块区	17 412.093	301	68	79	51		19	20	4	19.8	枣树52棵；毛柳1棵；樟子松5棵；龙柏10簇；沙地柏的面积约为415.8 m²，平均高度为1 m；龙爪槐有7棵；红叶林有10棵
10	九层楼广场至慈氏塔	6 825.637 7	94	84	17	107		3		23	17.5	龙爪槐11棵；白蜡树21棵；槐树9棵；银杏1棵；核桃树12棵；杜梨5棵；红柳覆盖面积共541 m²；冬青总长度为15.8 m
11	慈氏塔至小牌坊路	7 395.147 9	42	97	38	169		1		95	71	核桃树6棵；龙爪槐5棵；椿树19棵；红叶林3棵；银杏树1棵；冬青总长28 m

续表6-4

区号	位置	绿化面积/m²	主要树种及数量/棵或簇								绿篱/m	其他树种及数量
			杨树	侧柏	榆树	桧柏、刺柏	红柳	柳树	沙枣树	桃树、苹果树、杏树、梨树		
12	130窟区至138窟区林带	3 989.158 6	41	195	30				8			
13	130窟区至九层楼寄存室	7 430.840 6	102	233	19		8		1			
14	九层楼寄存室至小牌坊	5 845.974 8	84	84	50							
15	小牌坊至藏经洞林带	4 732.012 1	224		38							白蜡树79棵
16	大牌坊至保卫处	14 359.415	197	118	35	122	6	11		40	53.4	毛柳1棵
17	保卫处北侧林区	8 075.498 2	187	84	30			4		7		枣树1棵
18	下寺南块区	5 225.429 2	175	38	92				1	7		
19	北窟区铁栅栏西侧林区	2 809.875 2	33				103					梭梭2簇
20	北窟区铁栅栏东侧的行道树	2 345.892 2	55	494	19		104		3			胡杨3棵，槐树1棵
21	售票处、接待部块区	3 455.997 6	149	70	3		33		16	6	88.6	槐树17棵；白蜡树111棵；丁香38簇

续表6-4

区号	位置	绿化面积/m²	主要树种及数量/棵或簇								绿篱/m	其他树种及数量
			杨树	侧柏	榆树	桧柏、刺柏	红柳	柳树	沙枣树	桃树、苹果树、杏树、梨树		
22	停车场块区	4 604.234 5	449	32					10			白蜡树6棵；芦苇的分布面积为300~400 m²
23	保护陈列中心块区	1 544.326 3	248	1 085			226				157.5	爬墙虎的总长度为100 m，平均高度为2.5 m；梭梭、花棒占地长120 m、宽20 m
24	文化路13.7 km以东林区	17 537.659	576	945	3		41	20	25		272	
25	南麻黄沟与大泉河交汇处北侧	8 728.578 6	431	71	3		4	3	23	3		侧柏幼苗约占地1 392 m²
26	文化路13.7 km以西林区	8 818.198 2	295		4		2		8	40		芦苇分布面积为16.7 m²；侧柏苗共有两块，总的占地面积为6 090 m²
27	公寓区	37 680.088	1 499	1 538	53	12	10	45	32	36	430	毛柳41簇；槐树55棵；白蜡10棵；龙爪槐1棵；丁香18棵；爬墙虎共66.8 m长，平均高度为2.5 m；杜梨2棵；花椒2簇。另外，2号公寓北有两块草坪，总面积约225 m²

续表6-4

| 区号 | 位置 | 绿化面积/m² | 主要树种及数量/棵或簇 | | | | | | | | 绿篱/m | 其他树种及数量 |
			杨树	侧柏	榆树	桧柏、刺柏	红柳	柳树	沙枣树	桃树、苹果树、杏树、梨树		
28	办公区	10 439.879	657	7	50	1	4	36	1	4	35	花椒5簇；丁香11棵；白蜡树2棵；龙爪槐2棵；爬墙虎总长约13.6 m,平均高度为3 m；还有一行红柳，长度为51.2 m；椿树57棵；花坛90 m²
29	办公区以北、公路13.5 km以东林区	24 662.17	1 565	524	18	16	1		41		186	槐树6棵；椿树1棵；白蜡树3棵
30	窟区前绿洲最北头三角带	4 154.632 4	720	145	2							红柳总长为150 m；胡杨13棵；毛柳2簇
31	窟区北文化路旁	3 295.761 6	148	366			1		23			
	合计	245 166.1	8 962	7 014	729	689	446	223	280	358	1 422.6	1 063棵或簇；绿篱长度425.4 m；绿篱面积13 430.5 m²

说明："其他树种及数量"一栏的"合计"为窟区小绿洲的树种除去杨树、侧柏、榆树、桧柏、刺柏、红柳、柳树、沙枣树、绿篱、桃树、苹果树、杏树、梨树等主要树种的其他树种的总棵（或簇）数，绿篱的总长度。

6.2.4　窟顶戈壁的防风固沙植物带

窟顶戈壁的防风固沙植物带位于鸣沙山前，呈条带状，大致沿鸣沙山走向呈SE→NW分布，树种选择当地沙生灌木，由人工种植而成。具体栽培方法采用穴植法，穴的规格为45 cm×45 cm×65 cm，株（丛）距为2 m，行距为2 m，按照"三埋两踩一提苗"的栽苗技术标准组织实施。其中，1992年试验种植600株（丛），面积2 400 m²，1993

年种植1 800株（丛），面积7 200 m²，1999年种植9 625株（丛），面积38 500 m²。三年共种植12 025株（丛），总面积达48 100 m²，合计72.15亩（表6-5），形成了长度为1 850 m，宽度分别为12 m和14 m的两条防风固沙植物带。据2007年现场调查，防风固沙植物带主要植物种类有红柳、花棒、梭梭、沙拐枣和柠条等，这些植物生长高度在1.5 m左右，植被盖度40%～60%。

窟顶的生物防风固沙带的灌溉水源引自大泉河，修建了独立的水泵提灌系统，灌溉方式完全采用管道节水灌溉技术。先后采用了以美国Rain bird公司生产的滴头为主的滴灌系统和以美国TORO公司生产的TURBO PLUSTV Ⅱ型压力补偿式滴头（流量4升/小时）为主的滴灌系统。在每年4～9月间，一般每15天为一轮灌水期，每次滴灌90分钟。当然，亦可根据当年当月天气干旱情况适当延长或缩短轮灌期，以不影响植物正常生长为准。十多年的滴灌实践表明，窟顶防风固沙生物带每年每亩实际用水量约100 m³/a·亩。与敦煌地区的大水漫灌相比节水80%，与喷灌相比节水40%。

表6-5　莫高窟窟顶防风固沙绿化带面积统计

种植时间	数量/株(丛)	面积/ m²	长/ m×宽/ m	长/株×宽/行
1992	600	2 400	200×12	100×6
1993	1 800	7 200	600×12	300×6
1999	9 625	25 900	1 850×14	925×7
		12 600	1 050×12	525×6
合计	12 025	48 100		

6.2.5　窟区植物种类统计结果与基本结论

（1）截至2007年，窟区小绿洲面积为28.4 hm²，除去道路和游客活动硬化场地，小绿洲中乔灌木实际种植面积为24.5 hm²。

（2）植物中能够以棵或簇为计量单位统计的所有乔、灌木，总数量为19 764棵（或簇），绿篱长度1 848 m。其中，数量超过500株的有杨树8 962棵，侧柏7 014棵，榆树729棵。

（3）以银灰杨为主的杨树，是莫高窟富有特色的标志性树种（图6-9），它是窟区最重要的绿化树种，广泛分布在窟区林带及道路两旁，树干粗壮挺拔，枝繁叶茂，在清风吹拂下树叶沙沙作响，在阳光直射下闪烁银光。

（4）包括侧柏、桧柏、刺柏在内，柏树品种是莫高窟数量较多的绿化树种，总量达7 703棵，作为景观树种主要分布在窟区道路两旁及窟区崖前林带（图6-10）。若加上侧柏绿篱，柏树的总量数以万计。

图6-9　窟区的特色树种银灰杨

图6-10　窟区道路两旁的侧柏

（5）榆树、柳树和沙枣树是莫高窟最悠久的本土绿化树种，尤其是榆树，为窟区树干粗大的树木，以人工种植为主，也有少量属自然生长，主要分布在窟区中间的林带（图6-11）。

（6）人工培育的以月季、金盏菊、美国地锦、万寿菊、波斯菊、美人蕉等品种为主的花卉（图6-12）景观作物，主要分布在莫高窟旅游景点和办公生活区内，为美化文化旅游环境增添了亮丽色彩。

（7）以梭梭和柽柳为主，与柠条、花棒和沙拐枣组成的人工防风固沙植物带，呈条带状分布在窟顶戈壁治沙站一带（图6-13），种植区植物群落覆盖度为55%左右，长势和防沙效果良好。

图6-11　窟区的榆树

图6-12　窟区的人工花卉

图6-13   窟顶戈壁防风固沙灌木林带

6.3 动物概况

6.3.1 动物种类

窟区动物群属于温带荒漠、半荒漠动物群。据文献资料，区内有昆虫4科，6属，7种；两栖类2科，2属，2种；爬行类6科，7属，11种；鸟类22科，29属，35种；哺乳类5科，12属，13种。共计39科，56属，68种。其中，鸟类种类最多，约占全部动物种类的一半，主要有赤麻鸭（*Tadorna ferrugninea*）、燕隼（*Falco subbuteo*）、猎隼（*Falco cherrug*）、雉鸡（*Phasianus colchicus*）、喜鹊（*Pica pica sericea*）、麻雀（*Passer montanus*）等；其次是哺乳类、爬行类、昆虫类。哺乳类主要有大耳猬（*Hemiechinus auritus*）、草兔（*Lepus capensis*）、灰仓鼠（*Cricetulus migratorius* Pallas）、柽柳沙鼠（*Meriones tamariscinus*）、三趾跳鼠（*Dipus sagitta* Pallas）、五趾跳鼠（*Allactaga sibirica* Forster）等；爬行类主要有西域沙虎（*Teratoscincus przewalskii*）、密点麻蜥（*Eremias multiocellata*）、沙蟒（*Eryx*）、花条蛇（*Psammophis lineolatus*）等；昆虫类主要有祁连山短鼻蝗（*Filchnerella karny*）、锥头蝗（*Pyrgomorpha conica*）、亚洲飞蝗（*Locusta migratoria* L.）等。种类最少的是两栖类，仅有花背蟾蜍（*Bufo raddei*）和中国林蛙（*Rana chensinensis*）这两种。

6.3.2　国家级重点保护动物

窟区所在的敦煌境内共有国家二级保护动物种类两种：猎隼（*Falco cherrug*）和燕隼（*Falco subbuteo*），这两者均属于猛禽，都以啮齿类、鸟类和昆虫为食，有可能在捕食和迁徙过程中经过窟区。

6.4　生物环境对莫高窟的影响

窟区生物环境主要表现为沙漠、戈壁广泛分布，植被覆盖度很低，窟区依靠大泉河水养育的小绿洲被广袤的戈壁荒漠包围，窟区小绿洲面积28.4 hm²，约占莫高窟重点保护区1 423 hm²的2%，约占莫高窟保护区面积23 392 hm²的0.12%。

窟区小绿洲的形成得益于大泉河水源，它是数千年以来自然环境和人为活动共同作用的产物。小绿洲的面积、植物种类、生长状态与当地自然环境和人文环境之间已建立了某种动态平衡，已成为极干旱荒漠气候条件下独具特色的小型复合生态系统，它对景观美化、改善旅游环境具有重要作用，但对石窟文物保护既有有利影响，也有不利影响。

6.4.1　绿化对莫高窟的有利影响

6.4.1.1　美化景观

窟区的自然植被伴随大泉河的存在而生长发育，人工绿化自洞窟开凿起就有，但仅仅是在大泉河畔种植少量的树木。自1980年起，窟区开始了较大规模的人工绿化工程，使戈壁深处的小绿洲逐步扩大，在一望无际的荒漠区形成了一幅具有生命气息的绿色画卷，让置身于窟区的人们在赞叹洞窟壁画艺术博大精深的同时，领略自然和人类共同创造的美丽画卷。莫高窟这种富有特色的景观，让人心旷神怡、浮想联翩。

6.4.1.2　防治风沙

自莫高窟建窟以来，窟区植树一直延续，已形成以杨树、榆树为主的林带。窟区树木高度约25 m，林带距洞窟崖体15～20 m，由南向北沿洞窟崖体方向延伸约2.0 km。窟区高大的树木对降低风速、拦截风沙有重要的作用，同时可防止风沙侵入洞窟擦伤壁画。

窟顶戈壁及沙山已建成的防风固沙体系中的两条植物防沙带，取得了良好的效果。人工种植、生长高度在1.5～2.0 m的灌木林带对风速的降低幅度为30%～60%，有效阻挡了西北风、西南风携带沙尘向洞窟崖体方向运移，与20世纪80年代之前窟区每年的积沙3 000 m³以上相比，减少幅度为60%～80%。

6.4.1.3　净化空气，减少污染

窟区小绿洲具有净化空气的作用。由于窟区处在沙漠戈壁区，风沙天气多、TSP超标成为最为严重的大气环境问题。相关研究已表明，树木不仅具有防风固沙的作用，而且对空气中的沙尘具有阻挡和吸附作用，从而可显著降低大气中TSP的含量。显然，窟区的乔、灌林带可起到过滤及减尘作用，对提高窟区空气质量具有很好的效果。

随着旅游业的快速发展和国际敦煌学的兴起，前往莫高窟参观旅游的人数迅猛增加，与此同时，人为活动的增加使窟区能源和资源消耗大幅度上升，导致环境空气中 SO_2、CO_2 和 NO_x 浓度均呈上升趋势，当这些酸性氧化气体浓度达到一定阈值时，就会对石窟文物产生不良的影响。然而，窟区绿化植被能够吸收 CO_2、SO_2、NO_x 等酸性气体，平衡大气环境，对净化空气、降低污染起到积极有效的作用。

6.4.1.4　改善小气候环境

窟区的小绿洲生态系统已成为光能、热能、水能、生物能的载体，对窟区小气候产生了比较明显的调节作用。作者团队于2007年9月中旬，对窟区小绿洲与周围戈壁的气象因子做了监测，温度、湿度监测时段是2007年9月13日和14日的9∶00至17∶00，取两日数据平均值代表昼间变化情况；蒸发量监测时间段是2007年9月15日和16日全天24小时，取两日平均值代表蒸发量日变化情况；风速为窟顶戈壁和窟区林区常年气象监测资料的平均值。通过监测数据统计并参考窟顶戈壁生物治沙相关研究，结果表明，在夏、秋季炎热天气，莫高窟周围戈壁与窟区小绿洲林区相比，昼间戈壁平均气温为27.22℃，窟区小绿洲林区为24.08℃，相差3.14℃，降低幅度10%左右。戈壁昼间空气相对湿度平均为4.09%，窟区小绿洲林区昼间空气相对湿度平均值为19.98%，相差15.89%，两者差值变化为10%～25%。小时平均相对湿度差值最大变幅为25%。戈壁日平均蒸发量达0.78 mm，窟区小绿洲林区为0.18 mm，相差0.60，绿洲效应蒸发量减少幅度接近80%。戈壁滩多年平均风速为3.50 m/s，窟区小绿洲林区多年平均风速为0.50 m/s，风速降低幅度达86%。

总之，窟区绿化形成的小绿洲不仅具有美化环境、防风固沙、净化空气的作用，而且有着降温、增湿、改善小气候环境的效果。

6.4.2　窟区绿化的不利影响

6.4.2.1　绿化灌溉水侧向渗透增加了洞窟潮湿度

窟区的绿化水源来自大泉河，其水质矿化度高、硬度大、偏碱性，灌溉水的入渗对石窟文物的影响已引起人们的关注，近二十年的有关调查和实验表明，窟区绿化灌溉水的侧向渗透能力较强，以非饱和水形式向底层洞窟运移，加大了底层洞窟的潮湿度和酥碱病害。为了遏制窟区灌溉对石窟文物的不良影响，2000年以后，将靠近石窟的一条

渠道取缔，绿化灌溉形式改为喷灌和滴灌，使侧向入渗问题得到了缓解。但洞窟潮湿酥碱问题仍然是损坏壁画和彩塑的主要环境问题。

6.4.2.2　绿化增湿效应可引发洞窟病害

调查发现，莫高窟有病害的壁画超过 4 000 m²，占到总量的 10%；有病害的洞窟有 250 多个，占壁画彩塑洞窟的一半以上。壁画的变色、起甲、脱落等病害的成因，与洞窟和窟区空气湿度变化直接相关，而空气湿度的变化又与窟区的绿化有关。显而易见，窟区绿化增湿效应是引发洞窟病害的因素之一。

6.4.2.3　促进窟区微生物和昆虫繁殖

窟区绿化面积的增加和空气湿度的增加及变化，为微生物霉菌生长、繁衍、传播提供了有利条件，由此造成洞窟壁画及塑像表面微生物霉菌明显增加。微生物霉菌会引起洞窟壁画长霉乃至霉烂、腐朽，而昆虫在洞窟内的分泌物也会对壁画产生影响。可见窟区大量的绿化，会引起微生物、昆虫大量繁殖，对洞窟文物保护造成不良影响。怎样合理地实施窟区绿化，怎样处理好窟区生态环境保护与文物保护的关系，怎样有效地防治洞窟壁画病害，目前还没有找到有效的解决办法，还需要通过大量的调查、监测、实验研究来解决。

6.4.2.4　枯枝落叶使窟区固废量增加

莫高窟所处区域虽然是极干旱气候区，但四季分明。窟区小绿洲的植物大多为落叶树种，每年晚秋和冬季都会有大量的落叶，再加上乔、灌木枯枝和一年生草本植物枯萎，造成了窟区固废垃圾明显增加，清理处置工作量也明显增加。如果对这些枯枝落叶不能及时处理或处理不当，就会对石窟文物保护环境造成不良影响，甚至造成窟区环境二次污染。

6.4.3　窟区生物环境保护对策

就窟区小绿洲对洞窟文物的影响来讲，要营造有利于莫高窟保护的环境，就要尽可能做到绿化对文物保护的有利影响最大化，不利影响最小化，必须综合考虑莫高窟自然环境特征、文物保护与合理利用等方面因素，营造与莫高窟自然文化相协调的绿化景观。要适当控制绿化面积，优选植物种类，优化景观结构，始终保持绿化对莫高窟的美化作用，发挥小绿洲防治风沙、稳定气温、净化空气的功能，促进文化遗产保护与利用和谐可持续发展。

窟区绿化应采取以下具体措施：

（1）窟区绿化与景观保护相结合，营造自然景观与人文景观相协调，绿化景观与石窟建筑相和谐的窟区生态环境。

（2）窟区绿化要突出特色，应以当地传统树种胡杨、银灰杨、榆树、柏树、沙枣树、毛柳、红柳等为主，乔木与灌木有机结合，疏密适度，突出特色，突出观赏性。

（3）距石窟崖体30 m范围内不宜新种植乔木，对该区内现有的林木严格控制灌溉用水量，确保洞窟不受灌溉水侧向渗透的影响。

（4）完善引水灌溉渠系及分水闸，渠道应尽可能远离洞窟崖体，并做好防渗衬砌，减少渠道渗漏损失，提高输水效率。

（5）合理制定灌溉定额，实施沟灌、管灌、滴灌、渗灌等节水灌溉技术，减少窟区绿化灌溉入渗量，提高灌溉质量，防治窟区绿化灌溉水入渗对石窟文物的影响。

（6）保持窟区的绿化区清洁卫生，营造文化旅游与生态环境和谐共生的局面。

7　莫高窟旅游环境

旅游环境按分类条件可以划分为不同的类型：按区域可分为沙漠旅游环境、滨海旅游环境、乡村旅游环境、城市旅游环境等；按性质可分为自然旅游环境、半自然旅游环境和人工旅游环境；按空间可分旅游客源地环境、旅游目的地环境和旅游通道环境；按环境要素可分旅游自然环境和旅游社会环境。旅游自然环境是指旅游目的地和依托地的各种自然因素的总和，是旅游区的大气、水、生物、土壤、岩石等所组成的自然环境综合体。旅游社会环境是指旅游目的地和依托地的社会物质、精神条件的总和。旅游社会环境的发展和演替，受自然规律、经济规律以及社会规律的支配和制约，是人类精神文明和物质文明发展的标志；同时，随着人类文明的演进而不断地丰富和发展。

敦煌莫高窟的旅游环境是自然环境和社会环境的综合，人工开凿的石窟和周边山形水系相依相生构成了莫高窟的旅游环境，因此在发展旅游的过程中，我们不但要做好洞窟、壁画以及塑像的保护工作，还要做好周边自然环境的保护。游客承载量是由自然环境和社会环境综合确定的。莫高窟自1979年对外开放以来，截至2021年共接待游客超过2 100万人次，洞窟的每一次开放，都会对文物产生影响，在莫高窟数字展示中心修建之前，每天成百上千辆汽车驶入莫高窟前停车场，带来的尾气排放、车辆震动等给莫高窟及周边生态环境带来严峻挑战。过度的旅游活动会改变洞窟的微环境指标，增加窟区的环境保护压力，影响莫高窟的长久保存与永续利用。如何平衡旅游开放和文物保护之间的矛盾，成为摆在莫高窟管理者面前的一道难题。

7.1　莫高窟旅游环境的时空特点

莫高窟旅游环境是由石窟脆弱的生态环境、典型的沙漠环境、巨大的文物价值、狭小的开放空间和极不均匀的游客分布构成的，这些因素共同作用形成了极具特色的莫高窟旅游环境。莫高窟的旅游环境不同于一般自然风光的旅游环境，由于泥质壁画和彩塑的脆弱性，决定了莫高窟需要一个比较稳定的封闭或半封闭环境，这样的保存环境要求，决定了莫高窟的参观方式只能是以洞窟为单位组团参观，狭小的参观空间决定了其旅游环境。

7.1.1　内容的广泛性

莫高窟始建于前秦建元二年，是集建筑、彩塑、绘画三位一体的综合性宝库，是世界上现存规模最大、内容最丰富、保存最完整的佛教艺术圣地。石窟开凿于南北长1 680 m的崖体上，现存历代营建的洞窟共735个，分布于高15～40 m的断崖上，上下分布1～4层，分为南区和北区。南区是古代礼佛活动的场所，保存有各个朝代壁画和彩塑（图7-1）的洞窟492个，彩塑2 400多身，壁画超过4.5万 m²，唐宋时代木构窟檐五座，莲花柱石和舍利塔20余座，铺地花砖2万多块。北区的243个洞窟是古代僧侣修行、居住、瘗埋（掩埋）的场所，内有修行和生活设施，但多无彩塑和壁画。洞窟最大的在200 m²以上，最小的不足1 m²，窟型最大的高约40 m、宽约30 m见方，最小的高不足盈尺。1 000年的开凿营建使得莫高窟保存了中国1 000年的绘画史、建筑史、雕塑史以及不同时期古人的生产生活场景，加之藏经洞出土的珍贵文献，使得莫高窟被称为墙壁上的博物馆和古代百科全书。如何在较短时间内让游客最大限度地了解和欣赏这一伟大艺术，成为莫高窟旅游开放的一个难点。

图7-1　莫高窟的壁画和彩塑

7.1.2　价值的珍贵性

莫高窟清晰地反映了佛教艺术中国化的历程，提供了佛教传入并在中国发展成为重要的宗教信仰的独特资料，代表了公元4—14世纪中国佛教艺术的较高成就。莫高窟是丝绸之路上最为重要的历史文化遗址之一，对中原和东亚佛教艺术的普及和发展产生过重大影响，在中国乃至世界佛教传播发展史上具有重要地位。莫高窟提供了诸如道教、基督教和摩尼教等其他宗教的重要资料，是了解中西方文化交流情况的信息来源。莫高窟提供了弥补、纠正中国传统史籍的丰富资料，是了解敦煌与西域以及西域少数民族之间关系的信息来源，为研究中古敦煌历史以及敦煌莫高窟营造史提供了重要的史实资料。莫高窟藏经洞保存的五万余件文书、刺绣、绢画、纸画等文物，包含了公元4—10世纪的宗教、民族、文化、历史等信息，具有重要的甚至是珍稀的历史、艺术、科学文献价值。

莫高窟连续不断地建造，系统地提供了中外艺术风格交流、融合、发展的丰富资料，展示了中国古代艺术流派的发展历史。莫高窟的许多建筑、壁画、雕塑等艺术品在结构上、设计上、审美上及创造上都是价值极高的精品。莫高窟对众多艺术门类，诸如人物肖像画、风景画、动物画和图案画等有着重要的研究价值，尤其是早于公元10世纪的作品更有重要价值。莫高窟藏经洞所保存的公元4—10世纪的许多诗歌、散文、小说、变文、曲子词等文学作品具有较高的文学艺术价值，展示了当时各种文书的书法艺术，并提供了研究中国古代通俗文学发展历程的重要信息资料。

莫高窟的遗存内容以窟形、壁画、彩塑、建筑为主，历史文化内涵涉及宗教、历史、民族、艺术、礼俗、服饰、建筑、工艺、文物、考古、地理、科技、文献、文学等学科与门类。在我国历史文化遗产中具有突出的、重大的、丰富的历史价值、科学价值和艺术价值。莫高窟的壁画对了解古代中国的社会生活方式（如婚嫁、丧葬、音乐、舞蹈和体育等）提供了无可比拟的素材信息。莫高窟提供了关于古代中国科学技术（如农业、医药、天文、数学、交通、印刷等）的丰富资料，并展示了古代许多重要技术成果，诸如中国最早的雕版印刷品《金刚经》，中国古代壁画颜料及制作的成果等。

莫高窟符合世界文化遗产六条标准的理由如下：

（1）莫高窟是创造精神的代表作。莫高窟在4—14世纪以汉地文化为基础，融汇吸收了印度等西域佛教艺术、文化以及藏传佛教艺术、多民族文化，创造了系统的、绵延时间最久的中国式佛教艺术的典型，这在现存的佛教遗址和遗迹中是不多见的。

（2）在一段时期内或世界某一文化区域内，莫高窟对建筑、技术、古迹艺术、城镇规划或景观设计的发展产生过重大的影响。莫高窟的开凿，影响了周边石窟的开凿，如西千佛洞、榆林窟、东千佛洞等；莫高窟形成的人文景观，为古代敦煌的文学创作提供了丰富的题材。1900 年莫高窟藏经洞的发现，使敦煌藏经洞和莫高窟名声大噪，在国内外产生极大的影响；在世界人文学科领域兴起了以博大精深的藏经洞出土文献和莫高窟石窟内容、艺术为研究对象的"敦煌学"，至今成为长盛不衰的"显学"；给绘画、舞蹈、戏剧、造型装饰等艺术的创作以极大的启发；日本法隆寺壁画、东大寺戒坛院雕塑等都与莫高窟隋唐时期的壁画、彩塑、建筑十分相似，莫高窟为中国佛教艺术影响东亚国家佛教艺术提供了实例；是国内外著名的旅游景点，并带动了地方经济的发展。

（3）莫高窟能为已消逝的文明或文化传统提供独特的或至少是特殊的见证。莫高窟壁画和藏经洞文献，记载了许多古老民族在敦煌留下的历史文化足迹，特别是数量丰富的回鹘和西夏的供养人画像、佛教绘画以及民族文字、题记，为消逝的沙州回鹘和西夏王国文明提供了实物见证。

（4）莫高窟是一种建筑、建筑整体、技术整体景观的杰出范例，展现了历史上一个或几个重要阶段。莫高窟由数百个不同功能的石窟组成庞大的石窟群及其许多壁画、彩塑精品和戈壁沙漠中的绿洲环境，是中国石窟建筑的杰出范例，莫高窟佛教艺术的形成、发展、衰落的全过程，代表了中国十六国、北朝、隋、唐、五代、宋、回鹘、西夏、元等时期佛教艺术的辉煌成就。

（5）莫高窟是传统人类居住地、土地使用或海洋开发的杰出范例，代表一种（或几种）文化或者人类与环境的相互作用，特别是由于不可逆变化的影响下壁画、彩塑等变得易于损坏。莫高窟佛教艺术和藏经洞文物，表现了丝绸之路沿线中原汉地与印度、波斯、中亚粟特、吐蕃等民族的文化交流和相互作用。

（6）莫高窟与具有突出的普遍意义的事件、传统、观点、信仰、艺术作品或文学作品有直接或间接的联系。莫高窟与宗教、历史、地理、语言文学、古代科技、文化艺术、经济、民俗、民族有着直接的联系，这是其他佛教遗址和遗迹无法相比的，充分反映了莫高窟文化遗产的博大精深。莫高窟建筑、彩塑和壁画的综合艺术，表现了中国式佛教艺术的独特创造和绘画艺术的杰出成就以及丰富的文化内涵，并产生了重要影响；藏经洞的出土文物为中古时代的百科全书，表现了博大精深的学术内涵，具有突出的价值。

综上所述，莫高窟具有极其珍贵的历史、艺术和科学价值，这些价值也决定着莫高窟的旅游环境。

7.1.3　开放空间的有限性

莫高窟虽然规模宏大、洞窟众多，但每个洞窟的空间极其有限，现存 735 个洞窟中，面积小于 25 m² 的洞窟数量占洞窟总数的 80% 以上，受洞窟空间、文物保护现状、洞窟分布、游线特点等方面的影响，其参观环境较为脆弱，承载能力极为有限，尤其是人为因素对文物赋存环境的影响，需在综合评估的基础上，探索寻求保护和利用的最佳平衡点，实现遗产旅游的可持续性。通过科学的方法和手段，对莫高窟保存现状经过认真调查分析，莫高窟开放空间主要有以下特点：

（1）大多洞窟空间狭小。据统计，莫高窟有壁画和彩塑的492个洞窟中，面积在100 m²以上的大型洞窟仅有18个，50～100 m²的洞窟有21个，25～49 m²的洞窟有41个，10～24 m²的洞窟有123个，10 m²以下的洞窟有289个（表7-1），其中面积在25 m²以下的洞窟数量占洞窟总数的83%以上，因此洞窟可承载的游客容量十分有限。

表7-1　莫高窟有壁画和彩塑的洞窟面积统计表

洞窟面积	> 100 m²	50～100 m²	25～49 m²	10～24 m²	< 10 m²
洞窟数量	18	21	41	123	289

（2）莫高窟属于遗址博物馆，所有洞窟都不可能按照博物馆展陈的要求做任何改造，因为每个洞窟在历史上是供奉佛陀的殿堂，佛教信徒参拜的场所，洞窟内四壁与窟顶均布满了壁画，不具备博物馆开放的条件和功能。

（3）洞窟内的壁画和彩塑是采用当地的麦草、泥土、木材制作而成，材质十分脆弱，极易在温湿度变化下导致壁画和塑像损毁。

（4）经历千余年后，由于自然因素和人为因素的破坏，壁画和彩塑不同程度地存在多种病害，如酥碱、起甲、空鼓等。

（5）长期以来，洞窟小环境相对恒定。尤其是20世纪60年代的崖体加固工程为石窟提供了一个较好的保存环境，客观上延缓了壁画和塑像的劣化；同时，加固工程也把崖体分割成一个个密闭的空间，使得莫高窟不可能像云冈和龙门石窟一样，不用进入洞窟就可以供游客参观。

以上因素决定了莫高窟必须限制游客数量，做好弘扬与保护之间的平衡，也构成了莫高窟开放的特定环境。

7.1.4　游客流量的不均衡性

从20世纪80年代以来，莫高窟的游客数量呈持续高速增长的态势。1984年，年游客人数突破10万人次，2001年，年游客人数突破30万人次，2019年，年游客人数高达220万人次。莫高窟旅游具有显著的季节性差异，全年大量游客集中在旅游旺季（每年4～11月），游客量占90%以上，暑假及"十一"黄金周等法定节假日期间，游客量更是持续趋近承载量上限，而在淡季，每日平均接待量不足1 000人次，全年单日接待量的极端比较在100倍左右。图7-2和图7-3是2019年莫高窟正常参观游客接待量曲线图和"十一"黄金周前后莫高窟正常参观游客接待量曲线图。

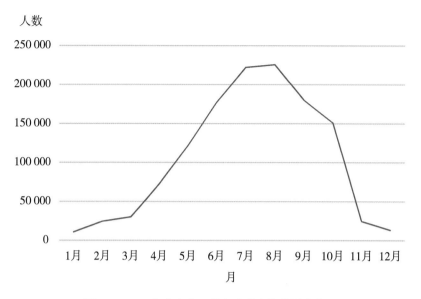

图7-2　2019年莫高窟正常参观游客接待量曲线图

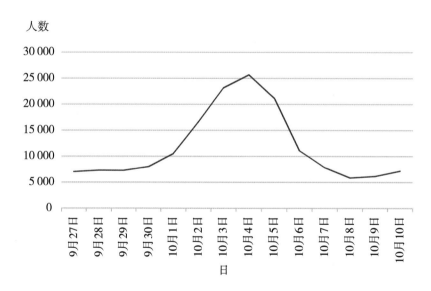

图7-3　2019年"十一"黄金周前后莫高窟正常参观游客接待量曲线图

在莫高窟数字展示中心修建之前主要存在的问题：

（1）洞窟狭小，空间局限，壁画、彩塑非常脆弱，游客增加，洞窟压力越来越大，无法解决洞窟内游客拥挤和壁画彩塑保护的问题。

（2）莫高窟洞窟呈线形分布，游客集中在窟区流动，无法分散。

（3）向观众展示敦煌艺术的方式是单一的讲解员带领参观。参观洞窟和讲解是游客获得信息的唯一途径。观众反映参观时看不清、看不好，无法获取更多的历史文化信息。

（4）在旅游旺季，过量的游客造成洞窟长期不能得到休息，如果以1天游客人数为2 000人，每批游客25人计算，每个洞窟要进入80批游客，每批游客滞留在洞窟中8分钟，那么1个洞窟每天的开放时间为8个小时，洞窟的长期开放使这些洞窟处于疲劳状态。

（5）游客的增多打破了洞窟原有恒定的小气候环境，我们的一项实验监测数据表明，40个人进入洞窟参观半小时，洞窟内空气中的二氧化碳升高5倍，空气相对湿度上升10%，空气温度升高4 ℃。一些小洞窟在旅游旺季的二氧化碳浓度经常在0.2%以上，远远超过室内环境质量的国家标准，十分不利于游客的健康。通过一项模拟试验表明，相对湿度反复上下起伏，是造成洞窟常见病的重要原因。众所周知，二氧化碳长时间滞留在洞窟内，洞窟内相对湿度增加，空气温度上升，都有可能侵蚀壁画，加速壁画已有病害的发展，这些因素将对洞窟保护十分不利。

为有效缓解以上矛盾，2003年敦煌研究院的樊锦诗院长提出修建数字展示中心，历经10年时间数字展示中心建设完成。莫高窟数字展示中心开放后，莫高窟的开放和旅游模式将发生“革命性”的变化，即所有游客必须通过网络形式预约才能正常参观莫高窟，在实地参观莫高窟之前，首先在数字展示中心通过两部时长各20分钟的主题电影、球幕电影，提前了解莫高窟的背景知识，身临其境地观看洞窟建筑、彩塑和壁画，领略莫高窟博大精深的佛教艺术；然后乘坐摆渡车从数字展示中心抵达莫高窟，根据团队和散客分组后，由讲解员引导按照既定路线进入洞窟参观，参观结束后再乘坐摆渡车返回数字展示中心购物或休息。整个莫高窟的参观活动用时将由原来的120分钟延长为150分钟至180分钟，而游客在全部洞窟内的时间将压缩到75分钟，虽然游客的参观时间缩短了，但是获取的信息量却会大大增加。通过这种参观模式，既可缓解洞窟压力，减少游客参观给珍贵而又脆弱的壁画、彩塑带来潜在威胁，又可利用多媒体展示满足多种参观需求，提升服务质量和游客参观体验品质；同时，通过压缩游客在洞窟内的滞留时间，有效提升莫高窟游客接待量，切实缓解莫高窟文物保护与旅游开发之间的矛盾。

7.2　游客容量与旅游设施

7.2.1　游客容量

自1979年莫高窟旅游开放以来，在国家文物局的支持下，游客不断攀升，在2000年以后已经超过20万人次，在2005年敦煌研究院的樊锦诗院长提出要修建数字展示中心，当时的理念确实有点超前，发改委的领导们要求我们研究游客承载量。在樊锦诗院长和阿根纽的领导下，敦煌研究院与盖蒂保护研究所合作进行莫高窟游客承载量研究，经过十余年的科学实验和评估实践，综合文物保护和展示利用的模式，核定如果没有数字展示中心，只有3 000人次的游客承载量。另外，在游客中心修建后，预计莫高窟单日游客承载量可达6 000人次。基于莫高窟游客承载量的研究，构建了"总量控制，网上预约，数字展示，实地看窟"的莫高窟旅游开放新模式，实现了"窟内文物窟外看"的设想，达到了文物保护和开放利用的双赢；同时，旅游旺季期间，结合文物保护及游客参观需求，适时启动应急参观模式应对超大客流，应急参观单日最大承载量为12 000人次。

7.2.2　旅游设施

在游客中心修建以前，莫高窟的旅游服务设施不太完备，在游客中心修建后，我们要很好地利用软件。游客中心建成以后，我们按照以下程序进行：

（1）门票预约服务：搭建莫高窟参观预约网（图7-4），为游客提供莫高窟门票在线预约服务，及时发布旅游政策资讯，让游客提前了解相关信息。

图7-4　莫高窟参观预约网

（2）话务咨询服务：建有莫高窟话务呼叫中心，配套人工座席及智能机器人座席，24小时不间断地解答游客咨询的问题。

（3）调度指挥中心：建立了以参观预约系统、石窟安防系统、石窟监测预警系统、讲解员管理系统为支撑，数据共享为思路，管理服务为目标的莫高窟旅游开放可视化调度中心（图7-5）。

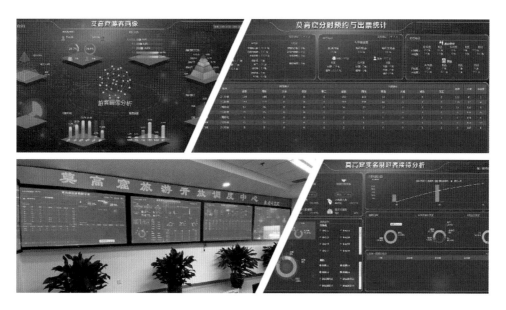

图7-5　莫高窟旅游开放调度中心

（4）游客中心服务：莫高窟数字展示中心（图7-6）作为游客参观莫高窟的第一站，涵盖了数字影院、球幕影院、售票处、行李寄存、宠物寄存、餐饮购物、医疗卫生、公共卫生间等旅游服务，兼具了景区游客服务中心的功能。

图7-6　莫高窟数字展示中心接待大厅

（5）交通设施：莫高窟数字展示中心设有正常参观和应急参观停车场，停车场设有停车线、停车分区、引导标识、分社出入口、人行步道等。对不同类型的车辆进行有效分流，同时设有公交车与出租车停靠点，能够满足日常游客接待及超大客流时期的接待要求。

（6）通信设施：莫高窟数字展示中心及窟区均有移动、电信、联通等运营商网络信号及景区 Wi-Fi 覆盖，在超大客流时期，积极联动属地电信运营商，部署移动式基站车，做好景区通信保障。

（7）引导标识系统：莫高窟数字展示中心及窟区均设有景区导览图、标识牌和景物介绍牌等标识系统，游客掌握自己的位置，识别位置，规划前往目的地的路线。

（8）展馆：增设敦煌石窟文化遗产保护陈列中心、藏经洞陈列中心、敦煌研究院院史陈列馆等场馆，通过场馆陈展，增加游客参观内容，拓展游客对敦煌文化的全面了解。

7.3 旅游环境管理

对于如何处理好莫高窟保护与开放的关系，时任敦煌研究院的樊锦诗院长曾经说，我们必须把保护放在第一位。为了做好莫高窟的旅游环境管理，我们应完善制度，严格控制游客承载量，建设莫高窟数字展示中心，打造智慧景区，提升旅游服务品质，拓展敦煌文化，加强院地协同几个方面落实。

7.3.1 完善制度

自莫高窟对外开放以来，敦煌研究院努力建设法制体系，推进管理的制度化，现有《甘肃敦煌莫高窟保护条例》《敦煌莫高窟保护总体规划（2006—2025）》等法律法规和《莫高窟游客参观须知》《莫高窟开放管理公告》《莫高窟预约管理办法》《莫高窟车辆管理制度》《莫高窟安全管理制度》《莫高窟综合应急预案》等一系列规章制度。

7.3.2 严格执行游客承载量

（1）敦煌研究院始终把莫高窟的保护放在第一位，要处理好文化保护与旅游开放的关系，将莫高窟环境保护作为文物保护的主要组成部分，在保护好的基础上做旅游开放，并从生态环境承载力、空间承载力、心理承载力、瞬时承载力等方面逐渐深化游客承载量研究，探索实现保护和利用的平衡。

（2）严格落实门票预约制度，不断升级完善莫高窟参观预约系统，按照"限量、预约、错峰"要求，科学合理制定旅游开放政策，加强总量控制和旅游开放全流程管理。

7.3.3　建设莫高窟数字展示中心

7.3.3.1　高标准建成并运营莫高窟数字展示中心（一期）

2003年，敦煌研究院的樊锦诗院长提出建设数字展示中心的构想，通过运用数字化的技术让莫高窟文物走出洞窟，让游客能在窟区外看到窟区内的文物，这样既可以保证文物的安全，又带给观众高品质的文化旅游体验和享受。其中，将莫高窟数字展示中心建在哪里，是项目实施面对的首要问题。若建在莫高窟保护区内，既便于管理，又便于游客参观，但会增加莫高窟的环境压力。出于对文化遗产的敬畏之心，为了完整、真实地保护莫高窟的自然风貌，减少人为的干扰与压力，通过多次方案比选和论证，最终将工程地址确定在距离莫高窟15 km的G314公路南侧。

数字展示中心在功能上承担了展示敦煌文化艺术，调控游客，满足游客停车、购物、饮食等功能，使莫高窟保护区环境压力大大减轻；在设计上其自由曲面的形体和流动的建筑线条相互交错，婉转起伏，与周围的自然景观融为一体，浑然天成，体现了人对大自然由衷的敬畏，让这座建筑具有了独特的敦煌特色（图7-7）。除了新颖的造型外，数字展示中心还处处体现了"绿"的概念：自然通风系统、雨水收集系统、地源热泵系统等既节约了资源，又保护了环境，这一系列技术的运用，让它成为敦煌唯一一座绿色环保的地标建筑。

图7-7　莫高窟数字展示中心（一期）

历经十年建设，数字展示中心建成投运，基于莫高窟游客承载量的研究，构建了"总量控制，网上预约，数字展示，实地看窟"的莫高窟旅游开放新模式，实现了窟区内文物窟区外看的设想，达到了文物保护和开放利用的双赢。这座沙漠中的"绿色建筑"如同莫高窟壁画中飞天飘逸的彩带、大漠中移动的沙丘，淋漓尽致地表达了沙漠地景的建筑特征，在生态文明建设和生态环境保护上践行了先进理念，也让莫高窟成了国内外文化遗产保护和利用的典范。

7.3.3.2 加快推进莫高窟数字展示中心项目（二期）建设

近年来，随着"敦煌旅游热"的持续升温，特别是旅游旺季游客的持续增加，现有的游客接待设施已不能满足旺季超大量游客的参观需求，为此，敦煌研究院积极推进莫高窟数字展示中心项目（二期）建设，项目地点位于敦煌市瓜敦公路南侧，距离莫高窟约15 km，计划总投资29 598万元，总建筑面积8 610 m^2。项目已于2022年7月18日开工建设，计划于2024年6月建成投运。莫高窟数字展示中心项目（二期）建成后，将进一步提高游客的接待能力，丰富旺季超大量游客的参观内容，为游客展示多元的敦煌文化，提升游客的参观体验感（图7-8）。

图7-8 正在建设中的莫高窟数字展示中心项目（二期）

7.3.4 打造智慧景区

（1）积极推进莫高窟智慧旅游建设，建设敦煌研究院全网全渠道实名制分时预约管控体系，通过"三分（分时、分区、分群）、三合（整合、配合、融合）、三全（全渠道、全链条、全应用）"对门票、交通票等的分时段预约，引导和规范游客行为。

（2）充分利用互联网、大数据、人工智能、5G、云计算等技术，开发制作莫高窟景区智慧地图、VR全景地图，全面灵活地向游客展示莫高窟旅游信息。

7.3.5　提升旅游服务品质

持续优化莫高窟门票预约系统、话务咨询系统、可视化调度系统等系统功能，提升用户体验。加强旅游人才队伍建设，提高旅游人才的服务水平和能力。不定期进行游客调查，了解游客需求，从而改进游客接待工作，提高游客参观质量。进一步完善景区配套设施，提升景区整体服务水平，提升莫高窟旅游服务品质。

7.3.6　拓展敦煌文化

在做好莫高窟旅游开放的同时，通过活动展览、线上直播、文化"六进"、公益讲座、文创产品、研学体验、出版物、数字化利用等形式进一步弘扬敦煌文化，让更多的人了解敦煌、关注敦煌、爱上敦煌。

7.3.7　加强"院地"协同

建立并落实敦煌研究院与敦煌市政府的联动协同机制，及时沟通应对文物安全、旅游开放、环境保护、信息共享等方面的问题。加强沟通联系、深化合作，共同致力于敦煌文化的保护、传承和弘扬，相互配合、相互支持，促进"院地"高质量协同发展。

7.4　存在的问题

7.4.1　保护和利用之间的新矛盾不断凸显

遗址地旅游开放不同于其他自然景观景区，随着旅游业的发展，逐年增加的游客以及旅游活动方式日趋多样化、个性化，让莫高窟保护和利用之间的新矛盾也不断凸显。有效利用数字技术，通过交互体验的形式满足公众的求知欲和好奇心，让文化遗产在展示和利用的同时得到有效保护。图7-9为2017年、2018年、2019年全年单日超6 000人次天数对比图。

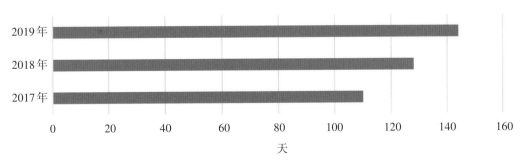

图7-9　2017年、2018年、2019年全年单日超6 000人次天数对比图

7.4.2　信息化水平有待提高

结合莫高窟旅游开放现状，景区信息化建设的配套设施还没有得到有效完善，要进一步打造和提升莫高窟信息化管理平台，积极探索景区在售票、验票及管理中的新思路，依托智慧化系统和数据支撑高效管理，提高游客体验、创新文物保护和利用模式、提升突发公共事件的应急能力。

7.4.3　新冠疫情防控常态化影响巨大

新冠疫情使以人的流动为主要特征的文旅行业遭受重创，人们的出行意愿、文化需求、消费习惯等方面出现新的变化；同时，莫高窟开放管理工作也受到了严重影响，面临着新的挑战。疫情防控常态化背景下，在既有成功经验和模式的基础上持续优化完善，确保莫高窟的开放管理安全、有序、高水平，有效保障公众文化的消费需求，推动敦煌文化高品质、可持续发展，助力新时代文化建设已成为社会对当前莫高窟保护利用工作提出的新要求。

7.5　发展展望

敦煌研究院将继续坚持"保护第一"的原则，秉承"负责任文化旅游"的理念，全面实施景区"限量、预约、错峰"管理，对内重点解决旅游接待高峰期拥堵、售检票不畅、游客多次排队、游客多次进出等问题；对外重点解决预警预约信息有效发布问题，以达到科学供给、有效分流、优化管理、提升品质的目的。未来，随着社会文明程度和人们环境保护意识的提高，随着莫高窟数字展示中心项目（二期）的建设运行和新模式的不断优化，在文物保护科技和全新技术快速发展的大背景下，敦煌研究院也定能把握好新的发展阶段，推进莫高窟包括环境保护在内的全方位保护和多途径展示利用的高质量发展，为社会提供更好的文化产品与服务，实现文化遗产的社会最大化共享。

8　莫高窟保护研究与管理

纵观莫高窟1 600余年的发展历史，其保护与管理经历了僧人看护、富豪家族看护、无人看护、喇嘛道士看护、政府专门机构保护和管理等几个阶段。366—617年，莫高窟建成的早期洞窟主要是僧人们修行的禅窟和做礼拜的洞窟，由崇信佛教、修行坐禅的僧人自行看护。617—1524年，敦煌崇信佛教的地方官员及史家豪族，大兴佛寺与石窟建造，在莫高窟开凿了大量的石窟和家庙性质的洞窟，成为家族进行礼拜活动的场所，张议潮家族和曹议金家族所建洞窟就属于此类洞窟，同时修复了一些前期营造的洞窟，这一时期莫高窟由世家豪族和僧人共同看护。1524—1723年，因战乱，莫高窟无人看护。1723—1944年，莫高窟由几名喇嘛和道士看护。1944年，在有识之士的呼吁下成立了国立敦煌艺术研究所，实现了政府对莫高窟的守护和管理。

1949年中华人民共和国成立，中央人民政府接管了敦煌艺术研究所，1951年将敦煌艺术研究所改名为敦煌文物研究所。1961年莫高窟被国务院列为第一批全国重点文物保护单位，在当时国家经济困难的情况下，国务院拨巨款对莫高窟进行了大规模抢救性加固保护。1982年《中华人民共和国文物保护法》颁布实施，为加大文物保护与研究力度，1984年敦煌文物研究所扩大为敦煌文物研究院。1987年莫高窟被联合国教科文组织列为世界文化遗产，保护、研究、管理水平迈上了新台阶，敦煌研究院也成了举世瞩目的人类文化遗产保护、研究、传承、利用和管理的重要机构。

8.1　机构设置

20世纪40年代，以常书鸿先生为代表的一批有识之士看到了敦煌艺术的珍贵价值和重要意义，他们在极其艰苦的条件下，坚守在莫高窟，开创了敦煌石窟保护、研究、弘扬的事业。1944年敦煌艺术研究所正式成立，结束了敦煌石窟数百年无人管理的状态。当时的研究人员调查了石窟的基本内容，临摹了大量的壁画，并把临摹品带到内地进行展览，他们把敦煌艺术公之于众，引起了社会广泛的关注。

中华人民共和国成立后，敦煌艺术研究所于1951年更名为敦煌文物研究所，政府对敦煌石窟文物保护工作高度重视，20世纪60年代初，国家拨巨资对莫高窟进行了全面的加固，使莫高窟危崖得到彻底的保护。研究人员也不断充实，除了美术临摹之外，石窟考古研究、文献研究等方面工作也开展起来。改革开放给敦煌文物研究所带来了生机。1984年敦煌文物研究所扩建为敦煌研究院，研究力量得到进一步加强，特别是国际合作与交流取得了较大的发展。进入21世纪，敦煌研究院在保护研究方面取得了重大进展，敦煌石窟由抢救性保护逐渐向预防性保护时代迈进。依托敦煌研究院先后成立了古代壁画保护国家文物局重点研究基地、国家古代壁画与土遗址保护工程技术研究中心。敦煌研究院开始承担全国范围的文物保护项目。2017年，甘肃省人民政府把麦积山石窟、炳灵寺石窟、北石窟寺也交由敦煌研究院管理，敦煌研究院成为跨越地域最广、保护石窟数量最多的文博单位。

敦煌石窟的保护研究是敦煌研究院的基础工作，自1944年敦煌艺术研究所成立以来，敦煌石窟保护工作先后经历了早期看守、抢救性保护、科学保护和预防性保护等历史阶段。

1943—1949年，以常书鸿为代表的第一代莫高人，在风沙呼啸、荒凉寂寞、交通不便、生活艰苦的条件下，面对破败不堪的石窟，克服了无电、无自来水、无交通工具、经费拮据、人手不足、孩子不能上学等困难，制定了洞窟管理规则，清除了300多个洞窟数百年来堆积的积沙（图8-1），拆除了窟区内搭建的全部土炕土灶，募款为部分重点洞窟安装了窟门，修建了北起下寺以北的莫高窟第1窟，南至莫高窟第131窟南侧，高约2 m，长约1 000 m的围墙，有效地阻止了人为破坏，对石窟做了初步整修，迈出了石窟有效管理的第一步。

20世纪50—70年代，是莫高窟的抢救性保护时期。针对壁画和彩塑病害频发、崖体风化和坍塌、风沙侵蚀等严重问题，敦煌文物研究所在国家的大力支持下采取了一系列保护措施，首次对莫高窟危崖实施了大规模抢救性保护工程，解决了石窟的稳定性问题；扶正、加固倾倒的塑像；加固濒临脱落的壁画；对起甲和酥碱病害的壁画，采用新的材料和工艺方法做了修复；在崖顶铺设草方格、设置高立式沙障等，防风固沙措施逐步开展。

20世纪80年代以后，敦煌研究院与国内外科研机构合作，全方位探索莫高窟的科学保护管理工作，莫高窟的保护工作逐步从抢救性保护进入科学保护、预防性保护的新阶段。敦煌研究院在全国率先开展文物保护专项法规和保护规划建设，使莫高窟的保护、研究、利用和管理纳入法治化和规范化；对莫高窟文物坚持定期调查、评估，并在实验室开展文物病害机制模拟、保护修复材料效果评价等系列研究工作，形成了一整套壁画与土遗址科学保护的程序和规范，并真实、完整地保护了莫高窟周围的人文和自然环境；以风险管理理论为指导，对窟区大环境、洞窟微环境、壁画病害、崖体稳定性、游客流量等进行长期监测，初步建立了预防性保护的科学技术体系，不但有效保护了敦煌研究院管辖的石窟中大量濒危的壁画和塑像，还为国内多个省、自治区的壁画和土遗址保护提供了技术支持。

图8-1　20世纪40年代洞窟调查与修缮

进入21世纪以来，围绕文化遗产基础理论研究、价值挖掘与阐释、病害科学表征与劣化机理、基于风险理论的预防性保护、保护材料与技术、文物考古发掘现场关键信息的提取方法、保护科学体系构建、数字化保护技术、展示利用和示范等方面的研究内容，在平台建设、学术研究、标准编制、队伍建设、人才培养等方面均取得了长足发展，逐步成为西北地区乃至全国最有影响的保护团队之一。

8.2　保护研究队伍的发展

莫高窟曾长期受到自然环境和人为因素的破坏，直到1944年，国立敦煌艺术研究所（敦煌研究院前身）成立，才使这一状况得以根本改善。新中国成立以来，在党和政府的大力支持下，在一代又一代莫高窟人艰苦卓绝的探索下，使莫高窟的保护工作从看守阶段、抢险加固阶段逐步进入到科学保护和预防性保护新阶段。

20世纪80年代以来，敦煌研究院先后与美国、日本、英国、澳大利亚、法国等国家的30多家机构以及国内40多家科研院所、大专院校持续开展多种形式的交流与合作，全方位探索文化遗产的科学保护，经过多年的努力，研究队伍已发展成为一支由化学、物理、生物、环境科学、气象、工程地质、土木工程、地质灾害、自然地理、计算机科学、建筑学、测绘、档案管理、摄影等学科组成的专业队伍，先后承接国内20多个省（自治区、直辖市）的全国重点文物保护项目200余项，抢救了大量濒危文物。形成了古代壁画保护成套关键技术、沙砾岩石窟崖体保护加固技术体系、风沙灾害综合防护技术体系、基于风险理论的石窟监测预警体系、石窟文物数字化成套技术等，建成了国家古代壁画与土遗址保护工程技术研究中心、古代壁画保护国家文物局重点科研基地、甘肃省敦煌文物保护研究中心等科研平台，形成了集石窟寺与土遗址保护、文物数字化和监测预警为一体的保护科研团队，孵化了甘肃莫高窟文化遗产保护设计咨询有限公司、敦煌研究院文物保护技术服务中心和甘肃恒真数字文化科技有限公司，推动了研究成果的市场转化率和推广应用，打通了石窟寺与土遗址保护的产、学、研、用全链条，培养形成了一批石窟寺与土遗址保护300余人的专业技术人才和青年骨干（图8-2）。

图8-2　保护研究团队

8.3　仪器设备和实验条件

在国家古代壁画与土遗址保护工程研究中心和甘肃省敦煌文物保护研究中心的基础上，整合各部门的资源，保护研究团队拥有我国考古发掘现场文物保护移动实验室（自主知识产权）（图8-3）、文物保护多场耦合大型试验装置（自主知识产权），以及扫描电镜室、X射线衍射室、光谱分析室、多因子老化、色谱质谱、化学物理分析、数字化采集与分析（图8-4）、文物修复和监测预警研究等相关专业研究设备（图8-5）。现有仪器和设备总数900余台（套），总价值近1.30亿元，仪器设备均运转正常，有力支持了多项科研课题的开展，有效保障了研究中心仪器设备的共享。近年来，为了进一步夯实研究基础，新购置高速摄影、热常数分析仪等仪器和设备60台（套），总价值637.40万元，为保护团队开展文物保护研究提供了有力保障。

在科学技术部、文化和旅游部、国家文物局以及甘肃省科技厅和甘肃省文物局的大力支持下，敦煌研究院在保护研究所大楼的基础上，先后建成国家古代壁画与土遗址保护工程技术研究中心科研楼（图8-6）、数字化科研楼（图8-7）、多场耦合实验室（图8-8）和兰州中试基地等科研楼，实验室总面积达11 663.00 m²。另外，依托国家古代壁画与土遗址保护工程技术研究中心在新疆、内蒙古、浙江、河南、河北、山西、宁夏、西藏和甘肃等文博单位共同推进区域工作站，实质性地推动了不同区域文物野外观察和监测平台建设，支撑了各省（自治区、直辖市）文物保护工程实践和基础研究工作场地区域（图8-9）。此外，为满足多场耦合实验室的足尺样品制备的需求，启动了多场耦合实验室样品加工车间项目，现已完成项目实施规划和方案设计。

图8-3　文物保护移动实验室

图8-4　数字化采集与分析工作现场

①便携式X荧光光谱仪
②毛细管电泳
③离子色谱仪
④便携式拉曼光谱仪
⑤X衍射仪
⑥便携式数码显微镜
⑦扫描电镜
⑧高保真图像自动采集系统
⑨十亿级像素数字相机系统

图8-5　物理化学分析研究装备

图8-6　国家古代壁画与土遗址保护工程技术研究中心科研楼

图8-7　数字化科研楼

图 8-8　多场耦合实验室

图 8-9　土遗址风沙侵蚀野外观测站

8.4　保护研究内容与主要成果

保护研究团队主要负责敦煌研究院管辖石窟的日常维护和保护工程的管理，承担国家及省文物和科技部门立项的古代壁画和土遗址保护科研项目，组织开展古代壁画和土遗址保护成套技术的研发与推广应用，承接石窟寺古代壁画和土遗址文物保护工程，联合国际、国内的一流团队、高校和科研院所，多方位、多层次推动人才培养等工作。

20世纪80年代以来，敦煌研究院在社会各界的支持下，积极开展敦煌莫高窟石窟保护、利用、管理与研究工作，始终围绕"保护、研究、弘扬"的工作方针，以文化遗产保护为基础、学术研究为核心、文化弘扬为目的，全面推进各项文化遗产事业。尤其"十一五"以来，面向我国古代壁画和土遗址保护等领域的重大需求和前沿问题，敦煌研究院开展了系统深入的创新研究，先后承担"973计划"、国家重点研发计划课题44项，构建了我国古代壁画与土遗址保护的理论框架和技术体系，形成了具有自主知识产权的文物保护与数字化关键技术，制定国家和行业技术标准21项，夯实了世界文化遗产保护理论和研究基础，形成了成套文化遗产保护与数字化关键技术、规范标准与专用装备，建立了预防性和抢救性并重的科学保护体系，构建了系统的"数字敦煌资源库"并上线"数字敦煌"全球共享资源平台，研发了我国首个考古发掘现场文物保护移动实验室和不可移动文物多场耦合足尺模拟实验室，率先开展了基于风险管理的文物预防性保护研究和体系构建，打造了具有多学科交叉并且具有国际视野的文化遗产保护研究与实践团队，保护研究团队人员发表学术论文600余篇，出版专著20余部（图8-10），获国家科技进步奖3项，省部级奖励26项，授权技术专利100余件，10余项全国重点文物保护工程获"全国十佳文物保护工程"荣誉（图8-11）。敦煌研究院在岩土质文物保护领域中已经走在了全国前列，得到了党和国家的高度认可。

图8-10　出版著作

图8-11　科技奖励

8.5　综合管理机构

敦煌研究院的前身是1944年成立的国立敦煌艺术研究所，1950年改名为敦煌文物研究所，1984年扩建为敦煌研究院。2017年，敦煌研究院形成了"一院六地"的管理和运行格局。敦煌研究院是负责世界文化遗产敦煌莫高窟、天水麦积山、永靖炳灵寺等6处石窟保护管理的研究型事业单位，是我国管理世界文化遗产数量最多、跨区域范围最广的文博机构，是国内外最大的敦煌学研究实体。敦煌研究院设保护研究部、人文研究部、艺术研究部、文化弘扬部四大部，统筹协调和管理14个业务部门。设置12个行政服务部门、5个直属单位、6个文化企业。敦煌研究院也是国家古代壁画与土遗址保护工程技术研究中心、古代壁画保护国家文物局重点科研基地、甘肃省敦煌文物保护研究中心的依托单位。

保护研究部是敦煌研究院文物保护业务主管部门，归口管理文物保护、遗址和文物相关的过程运行环境，下设敦煌石窟监测中心、保护研究所、文物数字化研究所，并协调管理国家古代壁画与土遗址保护工程技术研究中心、甘肃省古代壁画与土遗址保护重点实验室和古代壁画保护国家文物局重点科研基地有关的工作。负责贯彻落实敦煌研究院组织文化和战略规划，制定敦煌研究院文物保护规划和目标，并负责相关工作的推动和落实；负责管理、协调和督导敦煌研究院有关遗址和文物的监测、保护、修复和数字化处理等工作；负责组织制定、修订文物保护有关的管理制度、规范和运行控制措施，并对相关要求的落实情况及有效性实施监管；负责全面质量管理体系有关本部门的作业文件、记录的编制和修订，保持本部门全面质量管理体系有关过程和活动的有效运行。

8.6　安全防范措施

20世纪80年代中期以前，莫高窟的安全保卫工作主要依靠人力，之后逐步采用科学技术手段，提升了文物安全保卫工作的总体水平。2011年，经过两年建设，作为莫高窟保护利用工程子项目之一的安防系统建成。这一系统由入侵报警系统、出入口控制系统、视频监控系统、音频复核系统、在线式电子巡查系统、安防通信系统、供电子系统、安防集成管理平台、信号传输子系统、三地监控联网系统等子系统构成。系统防护范围包括南北窟区、藏经洞陈列馆、资料中心、散存文物、岗楼、监控中心、院史陈列馆、成城湾花塔。在物防设施的配合下，对防范重点进行设备布设，结合安全保卫和人力防范，构成了完整的莫高窟"人防、物防、技防相结合"的安全防范体系（图8-

12）。近年来，积极推进校核和确认保护范围、建设控制地带的边界及坐标，结合地形、河道、道路等现场环境情况，合理设置保护区界桩、界碑、警示标牌标识及防护围栏。改善莫高窟基础设施和智能化导览系统以及历史风貌的维护和景观环境的优化。

图8-12   安全指挥平台

8.7   工作生活条件

一代代莫高窟人始终牢固树立人才是事业发展的根本和核心的理念，秉持"感情留人、事业留人、待遇留人"的宗旨，传承"莫高精神"，通过建立激励机制，促进职工推动敦煌研究院事业发展的过程中实现自我价值，不断提高员工的成就感。基于文博行业和事业单位的特点，建立健全各项福利制度，加强人文关怀，用好各类人才，有效激励人才，营造宽松开放的人才成长环境，提升人才的归属感、成就感、获得感、幸福感，以保障职工的权益，不断提高职工的满意度。

敦煌研究院采取多种措施确保员工权益，包括保持和改善工作环境（图8-13）、完善生活配套设施、提供福利支持、保证员工参与的权利。通过"一院六地"系列重大项目建设，高标准建成一批保护研究、文化弘扬、办公生活的现代化基础设施，遵循人才成长规律，持续引进高层次人才，注重依托重大科研项目和科研平台发现人才、培养人才，重点培养富有开拓精神的青年人才后备军；不断优化人才梯队，形成专业、年龄、数量结构合理的人才队伍；通过职代会、基层调研、问卷调查等形式，针对涉及职工的政策制度、管理运行、事业发展、热点问题以及食堂管理、物业管理、公共设施、环境卫生等问题进行调查，广泛听取员工的建议和意见，对员工反映集中的问题，责成有关单位予以落实。健全保障机制，激发全院参与规划实施的积极性，形成实现"典范""高地"的强大合力。

回顾敦煌研究院艰苦卓绝的多年奋斗历史，一代又一代的莫高窟人，为敦煌文化遗产的永久保存发扬光大，秉承坚守大漠、勇于担当、甘于奉献、开拓进取的"莫高精神"，使敦煌石窟的保护、研究、弘扬事业持续不断地向前推进，让敦煌文化遗产走出甘肃，走出国门，走向世界。

图8-13　工作环境

今天，敦煌研究院管理石窟寺遗址范围和业务范围逐步扩大，各石窟寺文物保护水平、保护条件、管理能力实现平衡发展，文物科技保护基础理论研究不断深入，保护关键技术、服务行业的水平和能力在逐步提升。保护研究团队将立足西北、面向全国、辐射丝绸之路，汇聚与吸纳文化遗产领域顶尖人才，以丝绸之路沿线国家石窟寺、壁画和土遗址等不可移动文物为主要研究对象，科学认知和逆向重构传统材料与工艺，研究丝路多元文化融合汇聚轨迹与发展衍化过程，深入挖掘丝路文化和历史遗存背后蕴含的哲学思想、人文精神、价值理念、道德规范，科学揭示多因素作用下的文物全生命周期演化与损伤规律，构建基于传统材料与工艺的保护技术体系，架构基于时空概念的文化遗产数据库数字化信息平台，形成文化遗产价值展示的理论体系与展现模式，推动丝绸之路沿线国家的文化遗产保护合作与交流，全方位展示丝路文化遗产精髓。

奋进新征程，建功新时代，新一代莫高窟人将继承发扬老一辈创造的"莫高精神"，继续加强人才培养以及国际和国内合作，充分学习吸收国内外的先进经验、先进理念、先进技术，不断提高自身的科研能力、管理能力、创新能力，更有效地发挥敦煌研究院在人类文化遗产保护、研究和传承方面的积极作用，实现习近平总书记提出"把敦煌研究院建成文化遗产保护的典范和敦煌学研究高地"的宏伟目标。

9 莫高窟数字展示设施和游客接待设施建设

莫高窟数字展示设施和游客接待设施的选址，对莫高窟保存环境与传承利用必然产生重大影响。如果在窟区原有售票处和陈列中心选址建设，虽然能减少游客参观洞窟的时间，但会使游客在窟区总滞留时间延长，导致窟区资源、能源消耗量增加，垃圾、污水排放量随之增加，文物环境保护压力也随之加大。只有跳出窟区合理选择建设地址，才能有效缩短游客在窟区的滞留时间，这样既能减少旅游开发对莫高窟的压力，又能实现窟区节能降耗，防止窟区环境污染，为后续可持续发展预留空间。

9.1 建设背景

莫高窟作为著名的世界文化遗产，以其博大精深的文化内涵吸引着国内外游客，伴随着我国社会经济发展和改革开放程度不断扩大，前来莫高窟参观游览的人数越来越多，导致遗产保护与开发利用之间的矛盾日益突出，加上莫高窟壁画年代久远，自然破坏比较严重，传统的保护和利用方式已远不能满足实际需要。针对文物保护与合理利用存在的问题，全国政协十届一次会议期间，敦煌研究院院长樊锦诗等25位政协委员提出了关于建设敦煌莫高窟保护利用设施的提案（全国政协十届一次会议提案第1412号），提案重点建议采用数字化技术对莫高窟文物进行有效保护与合理利用，该提案得到了全国政协领导的高度重视。2003年8月，政协提案委员会组成调查组，赴莫高窟进行实地考察调研后提出了"关于敦煌莫高窟保护、利用设施建设的调研报告"。调研报告认为，建设莫高窟保护利用设施项目的设想，从中国国情出发，借鉴国外保护利用设施建设的先进经验，不仅是协调解决莫高窟保护与开发利用的有效措施，而且对于全国解决类似问题具有先导和示范作用。2003年11月，敦煌研究院委托中国建筑设计研究院编制了《敦煌莫高窟保护利用设施项目建议书》（简称《项目建议书》），对该项目做了初步可行性研究。

2004年2月，甘肃省发展计划委员会以甘计社会〔2004〕66号文向国家发改委报送了《关于上报敦煌莫高窟保护利用设施项目建议书的报告》，提出莫高窟保护利用设施项目需要建筑面积12 000 m²，包括数字化中心、保护中心、展示中心和附属设施。

国家投资项目评审中心于2004年6月14日提出了《敦煌莫高窟保护利用设施项目建议书》评审报告（评审字〔2004〕70号）。国家发展和改革委员会办公厅于2004年8月21日对敦煌莫高窟保护利用设施项目做出复函（发改办社会字〔2004〕1390号）。原则同意评审报告提出的"建设莫高窟保护利用设施是必要的，采用的数字化漫游技术也具备一定的基础，总建设规模与总投资可在可行性研究阶段进一步落实""待工艺、技术确定后一次性批复可行性研究报告"的结论和建议。

按照上述《项目建议书》评审报告和审批复函意见，在甘肃省发改委的领导和组织下，敦煌研究院邀请国内外的专家对项目拟采用的数字展示工艺技术进行了实际验证。2005年9月8—9日，由甘肃省发改委、甘肃省文物局组织并邀请国内计算机界、文物和数字电影界的专家，在上海和北京召开了《敦煌莫高窟保护利用设施项目》数字展示技术验证专家论证会议，就项目可行性研究中有关数字展示技术这一核心问题及验证结果进行了专家论证。与此同时，敦煌研究院委托清华大学建筑设计研究院编制了《敦煌莫高窟保护利用设施项目可行性研究报告》（简称《可研报告》）。中国西北市政设计研究院对莫高窟崖体加固及栈道改造工程项目做了可行性研究和初步设计。中国科学院寒区旱区环境与工程研究所在总结20年间与敦煌研究院合作进行莫高窟风沙危害综合防治经验和研究成果的基础上，于2006年1月编制了《敦煌莫高窟风沙危害综合防护体系工程可行性研究报告》。拟定防护工程项目主要包括立式栅栏阻沙带、草方格沙障固沙带、植物固沙带、砾石压沙带几个部分。

9.2　项目建设的必要性

莫高窟是我国具有世界影响力的重要文化遗产，素有"世界艺术画廊""墙壁上的博物馆"之称，有着极其珍贵的历史、艺术、科技和文化价值。为了莫高窟的长久保存，近半个多世纪以来，几代文物工作者励精图治，做出了不懈的努力，取得了显著的成效，使得今天世人能够共睹这一珍贵的人类文化遗产。然而，目前莫高窟仍然面临着如下急需解决的问题：

（1）游客量的日益增长，尤其是敦煌铁路、高速公路的开通，前来莫高窟的游客大幅度增加，使遗产保护与开放利用之间的矛盾日益尖锐。莫高窟现有的保护利用设施和游客接待设施已不能满足时代的要求，安全及管理模式也不能满足现代化的管理需要。主要表现是：①莫高窟大部分洞窟比较狭小，游客进窟参观比较拥挤，不论是单个洞窟还是所有开放洞窟，接纳游客的数量有限；②洞窟内光线昏暗，紧靠手电筒照明，参观效果欠佳；③在洞窟参观和聆听解说的时间有限，不能满足游客了解多方面信息的渴望；④游客连续多人次进窟参观，尤其是随着游客在洞窟滞留时间的增加，导致洞窟温度、湿度、二氧化碳明显增加，对壁画、彩塑的保护带来不良影响；⑤游客接待设施不完善，缺少游客活动、休息空间，旅游服务设施落后，接待能力有限。

（2）参观洞窟的栈道狭窄（最窄处仅有50 cm宽），部分支墩松动，护栏陈旧且不坚固，部分扶手断裂，对游客参观造成不便或安全隐患，并且现有的栈道材料外观与石窟景观极不协调，已引起学者、专家及游客的争议。

（3）风沙对洞窟崖体的风蚀问题始终没有根治，窟区积沙、粉尘危害等持续不断，崖体及斜坡表层沙砾松动，常发生沙石坠落，危及窟区游人安全。特别是上层洞窟窟顶被风蚀变薄后雨水可能入渗洞窟，会严重损坏壁画及彩塑。

针对上述问题实施的"敦煌莫高窟保护利用工程"，正是为了有效保护和合理利用莫高窟博大精深的世界文化遗产，减轻游客大幅度增加对莫高窟文物及文物环境带来的压力。利用现代化高科技实现莫高窟壁画、彩塑乃至整个洞窟的数字化，全方位立体化、高精度记录规模宏大、历史悠久、内容丰富的莫高窟，使全部文物信息得到永久性保存。通过数字展示设施建设，向人们全面展示莫高窟的历史价值、艺术价值、科学价值、社会价值，使人们不在莫高窟就有身临其境的感觉，就是来到了莫高窟也无须在洞窟内滞留更多的时间，就能够获得大量的敦煌历史文化信息，从视、听、说多方面实现与莫高窟的"交流"，享受莫高窟古老的文化艺术带来的乐趣，从而可将游客在狭小、昏暗的洞窟滞留时间合理压缩，获得的信息量大幅度增加，有效缓解大量游客参观给莫高窟带来的压力。

在加大游客接待能力的同时，加固洞窟崖体围岩，消除人行栈道安全隐患，增强窟区防沙治沙的规模和力度，完善安全防范与管理体系。这些措施对莫高窟长治久安具有十分重要的作用。

总之，实施莫高窟保护利用项目建设是莫高窟文物遗产保护的需要，是文物的价值延续和拓展的需要，是旅游业快速发展的需要，是十分必要的，也是相当紧迫的。

9.3 项目建设内容

莫高窟保护利用工程主要由数字展示和游客接待中心建设、崖体加固及栈道改造工程、风沙危害综合防护工程和安全防范系统建设四部分构成。各部分的具体建设内容、工程位置及工程规模见表9-1。

表9-1　莫高窟保护利用工程主要内容、位置及规模一览表

建设内容	工程位置	工程规模(量)
一、数字展示和游客接待中心建设		
数字展示和游客接待设施	初选位置在莫高窟保护区(大泉河东岸)	地下建筑面积为8 498 m²,地上建筑面积3 728 m²;保护研究设施及接待办公用房建筑面积为4 621 m²
行人桥、观光道路、停车场等	初选位置在莫高窟保护区(大泉河及其两岸)	桥梁长80 m、宽6 m;观光道路长750 m、宽4.5 m;停车场占地面积约15 000 m²,合计占地18 855 m²
二、崖体加固及栈道改造工程		
崖体风化面、缓坡、裂隙、危岩块体等的加固及局部危石的清理	莫高窟南区,包括洞窟分布岩面及洞窟上方斜坡,南北向延伸996 m,东西向宽10～40 m。其中重点锚固区是196窟北侧危岩块体	注浆固化(包括崖面及缓坡)25 181.3 m²;裂隙注浆243.5 m;锚固面积为359.7 m²;薄顶洞窟加固843.0 m²;局部清除崖面及陡坎地段危石2 402.8 m²、水泥砂浆抹面643.6 m²
栈道加宽、扶手加高、栈道面改造、结构层内暗铺安全防护管线	一层部分272窟至292窟,293窟至311窟,312窟至321窟,162窟至165窟,166窟至174窟,456窟至457窟,二层部分435至449窟,415窟至420窟,194窟至196窟的窟区栈道加宽;栈道现有70 cm高的扶手均采用仿木高密度木质材料包钢芯的工程做法加高至1.1 m;除20世纪90年代已改造过的248窟至261窟外,栈道道面都进行了改造	栈道宽度由原来小于1 m加宽至1.5 m,加宽后面积450 m²,长度192 m;改造扶手长度为1 332 m;道面改造面积2 280 m²,长度为1 140 m;踏步变低而缓
三、风沙危害综合防护工程(总占地280.4 hm²)		
高立式栅栏	窟顶以西的鸣沙山主沙梁上	栅栏高约1.5 m、南北长约3 000 m,占地6 000 m²
草方格沙障	西起高立式栅栏,东至现有林带之间的沙丘区	平均宽度562 m(南窄北宽状)、长为2 000 m,总面积1 124 000 m²

续表9-1

建设内容	工程位置	工程规模(量)
沙生灌木林、防风林带及辅助设施	灌木林位于草方格沙障带前缘内,西距高立式栅栏约65 m;防风林位于窟区道路、河道边	窟顶沙生灌木林总宽52 m、间距20 m、长2 000 m,总面积24 000 m²;窟区防风林建设在现有绿化区内,不另行计算面积;另建200 m³蓄水池2个,输水主管线2 672 m
砾石铺压带	西起窟顶现有灌木林带,东至原沙障之间的戈壁区	最大宽度1 290 m、最小宽度360 m,长2 000 m,总面积1 650 000 m²
四、安全防范系统建设		
购置现代化的预警、监视、管理设备	设置于洞窟安全防范与管理所需要的地方	依据需要布设,以满足现代化管理需求为标准

注:数字展示及游客中心设施建设,需拆除研究院保护所、陈列中心部分房屋、接待部办公房屋和莫高山庄等现有设施。其中,拆除现有游客接待部等用房建筑面积约4 000 m²,拆除原保护所办公用房面积1 608 m²,拆除原陈列中心管理办公及机房面积约1 403 m²。拆除现有设施建筑面积共计约7 011 m²。

数字展示设施和游客接待设施建设内容主要包括2个主题影院和2个洞窟实景漫游球幕剧场,每单个影院或剧场可容纳200人,总计容纳800人,运营时轮流使用。游客接待设施建设包括接待大厅、办公用房、售票处、寄存处、多媒体、人-机交互区、餐饮休息区、购物、邮电、银行、急救站等。总建筑面积初步估计在14 200~16 600 m²。

崖体加固主要是采用锚索技术加固169窟北侧的一块危岩,消除不稳定隐患,清理危石,对裸露崖面上的大孔隙、层面裂隙、卸荷裂隙等采用渗透式和填充式注浆,以遏制洞窟崖体表面风化。栈道改造工程是对存在裂隙、表皮破碎、陡而窄的栈道进行维修改造,更换陈旧、断裂、低矮的扶手,消除游客参展石窟存在的安全隐患。

风沙危害综合防护工程包括在鸣沙山东缘主沙梁迎风侧设置立式栅栏阻沙、草方格沙障固沙,窟顶戈壁强化植物防风固沙带、砾石碾压固沙带等建设。从沙山至窟顶戈壁数公里范围以不同的方式构筑防风固沙体系,从而减缓风沙对莫高窟的危害。

安全防范系统建设主要是购置现代化的预警、监视、管理设备,完善莫高窟安全技术防范系统及洞窟报警系统,提升莫高窟安全防范的现代化水平。

从莫高窟保护利用工程项目的四部分建设内容来看,崖体加固及栈道改造工程、风沙危害综合防护工程、安全防范系统建设,属于石窟文物及赋存环境的治理工程,它们的建设位置是确定的,建设目标是为了消除石窟隐患,营造利于文物保存的环境,保障游客和文物安全。数字展示与游客接待设施建设属于文物利用工程,它的建设位置有着多方案选择，建设目的是减轻游客增加对莫高窟文物保护产生的压力，是在保证文物及文物环境安全的前提下，最大限度地满足游客对文化旅游的需求。这里需要明确的是要实现莫高窟洞窟壁画、彩塑的数字展示，首先要实现这些文物本体的数字化，并且数字化文件能够永久性保存。由此可见，莫高窟数字化展示与游客设施建设既是文物利用工程，又是文物保护工程。

为了保证莫高窟保护利用项目建设与环境保护协调发展，根据《中华人民共和国环境保护法》《中华人民共和国环境影响评价法》《中华人民共和国文物保护法》和《建设项目环境保护管理条例》的有关规定和要求，敦煌研究院于2005年12月委托兰州大学开展《敦煌莫高窟保护利用工程项目》的环境影响评价工作。通过收集项目相关资料和现场调研，重点对项目建设中文物保存环境影响做出了评估。鉴于莫高窟保护利用工程项目主要建设内容及其对文物环境的影响，按照本书的主题和宗旨，这里重点介绍莫高窟数字展示设施和游客接待设施建设对莫高窟保存环境的影响。

9.4　数字展示设施和游客接待设施建设第一次选址

据《敦煌莫高窟保护利用设施项目可行性研究报告》（以下简称《可研报告》）描述，建设数字展示设施拟实行的主要预期目标是利用现代数字技术，提高莫高窟游客接待能力，并为游客提供更好的展示服务，减少游客在窟区和洞窟内的滞留时间，最大限度地控制人为因素对文物古迹的损害。按照这一预期目标，数字展示设施的主要功能组成有主题影院（厅）、洞窟实景漫游厅、多媒体展示区。其中，主题影院（厅）和洞窟实景漫游厅是游客必看的，多媒体展示由游客选择使用。

游客接待设施建设包括停车场、接待大厅、售票、物品临时寄存、人-机交互、购物、餐饮、休息、邮电所、银行、医务室等。

9.4.1　选址原则

《可研报告》提出，建设项目选址尽可能保存原地形地貌景观效果，功能分区合理，游客中心（数字展示设施和游客接待设施）应保障游客参观路线通畅，建筑物应采用地下或半地下形式，建筑外观形象应与窟区环境达成最大和谐，数字化中心的建筑风格应与现有建筑相和谐，充分考虑陈列中心（洞窟对面、大泉河右岸原有建筑）的综合利用，建设选址与施工方案应保障不对莫高窟保护造成威胁。

选址原则是：①符合《甘肃敦煌莫高窟保护条例》和《敦煌莫高窟保护总体规划》的要求；②建设项目对莫高窟的遗址景观环境影响最小；③有利于游客参观的组织、流动和疏散；④节省投资。

9.4.2 第一次选址方案（窟区方案）

鉴于项目中的"崖体加固及栈道改造""风沙危害综合防护工程"和"安全防范系统建设"等工程位置的固定性及客观唯一性，项目选址分析仅考虑数字展示设施和游客接待设施建设的选址。

最初在《项目建议书》中的项目选址提出了3处场地方案，2004年2月10日国家文物局组织建筑、规划、文物保护、考古、世界遗产等方面的12位知名专家对《项目建议书》提出的选址方案进行了专题论证，然后项目可行性研究团队经认真总结分析、比选确定出了数字展示设施和游客接待设施建设的位置。

按照选址要求和原则，项目可行性研究团队通过现场调研、专家咨询和专题论证，充分考虑各方面的建设条件，在窟区大泉河右岸的原接待部、售票处、莫高山庄、陈列中心至敦煌研究院办公楼以北范围内拟定了7处项目建设选址，此外，考虑项目建设的主要内容与功能、遗产保护与展示利用、游客服务与管理等因素，按照参观线路设计要求，对应数字展示设施选址和游客接待设施选址，形成了13个项目组合选址方案。

这13个项目组合选址方案都符合《甘肃敦煌莫高窟保护条例》要求，也在莫高窟总体规划允许的范围之内。通过进一步筛选和优势比较，得出围绕现有陈列中东侧或南侧两个选址与游客接待设施建设形成两个组合方案。这两个组合方案中的游客接待设施建设位置在现有售票处、接待部及莫高山庄所在处，是将原建筑拆除后重新整合建设，该选址就窟区来讲属于优选位置。对于数字展示设施建设位置选择在陈列中心东侧好还是南侧好，需要进一步从景观、与原有建筑的融合性、工程量、游客线路、投资等方面对选址方案进行详细的比较选优（表9-2）。

表9-2　围绕陈列中心东侧或南侧建设数字展示设施选址对比分析表

项　　目	数字展示设施建设位置	
建设选址	现有陈列中心东侧	现有陈列中心南侧
主要功能设施	全面	缺少序厅和办公设施
内部游线	顺畅、合理、完整	造成陈列中心二层及出口废弃，这是有缺陷的
对陈列中心的改造	拆除原有机械栋和管理栋	南侧打通一跨作为联系
	二层增加楼板和大楼梯	在原出口外侧的弧墙上另辟一出口，破坏了原立面
	文物库房移位	
垂直交通	需设2部自动扶梯	需设4部自动扶梯
	需设2部残疾人电梯	需设3部残疾人电梯

续表9-2

项 目	数字展示设施建设位置	
建设选址	现有陈列中心东侧	现有陈列中心南侧
消防设计	地下建筑消防投资小	地下建筑消防投资大
工程难度和工程量	地上建筑难度小、工程量小	地下建筑难度与工程量均增大
需挖土方量 /m³	28 000	97 750
环境影响程度	隐蔽性好，对景观影响小、扬尘产源少、废渣少，施工时间短，噪声影响历时短，供水、排水动力设备少	隐蔽性差，对景观有影响，其他环境影响程度总体讲影响比较大，尤其是挖方和弃渣数量较大

从表9-2可以看出，如拟建数字展示设施位于陈列中心南侧，与陈列中心建筑整合难度大，一是造成的破坏程度较大，二是改造工程难度大；主体工程地面开挖深度大，挖方数量大，地下建筑面积扩大，工程施工难度和投资增大，且隐蔽性差，存在景观影响。因此，就数字展示设施在窟区的两选址相比较而言，现有陈列中心东侧选址优于南侧选址。

通过上述13个组合方案分析比选和2个方案优选，得出推荐组合选址方案是数字展示设施位于紧靠陈列中心东侧的位置，基本为地上建筑，且与陈列中心有机整合，数字展示设施可以被陈列中心遮挡，对景观影响较小，工程投资比其他方案节省。游客接待设施在原接待部、售票处、莫高山庄的位置建设。数字展示设施和游客接待设施之间仅由一条旅游道路相隔，游客到达莫高窟购票、存包，进入陈列中心，观赏数字展示后，行走通过大泉河桥，参观洞窟壁画和彩塑、上中寺和下寺，浏览北窟区，完成所有参观项目之后，经新建大泉河桥返回游客接待中心休息，自由选择人-机互动，阅览相关信息、体验餐饮服务、购物、领取存包，然后离开莫高窟踏上返程之路，整个游客参观线路比较畅通。

9.4.3 窟区方案建设规模与建设内容

经过多方面论证和比选，莫高窟数字展示设施建设和游客接待设施建设选址均在大泉河右岸，距离河床20～150 m的范围，距离洞窟群约300 m，该选址遵循《可研报告》提出的选址原则，符合《甘肃敦煌莫高窟保护条例》和《敦煌莫高窟保护总体规划》的要求。

9.4.3.1 数字展示设施与游客接待设施建设规模

在选定的位置上需要拆除的建筑是现有游客接待部、售票处、莫高山庄等，用房建筑面积4 000 m²，拆除原保护所办公用房面积1 608 m²，拆除原陈列中心管理办公用房及机房面积1 403 m²。拆除现有基础设施建筑面积共计7 011 m²。

数字展示设施和游客接待设施规划建筑规模是：数字展示设施建筑面积9 329 m²；游客接待设施建筑面积2 897 m²；保护研究设施建筑面积3 625 m²；接待部办公用房建筑面积992 m²，主体工程规划总建筑面积16 843 m²；原陈列中心局部改建面积151 m²；配套设施有观光道路长750 m、宽4.5 m，桥梁一座长80 m、宽6.0 m，停车场占地面积15 000 m²。

9.4.3.2　建设内容

数字展示设施由主题电影、洞窟实景漫游、多媒体展示和人–机交互系统四种类型组成。建设内容包括2个主题影院和2个洞窟实景漫游球幕剧场，每单个影院和剧场可容纳200人，总计容纳800人，运营时轮流使用。游客接待设施建设内容包括接待大厅、售票处、人–机互动、餐饮、购物等。数字展示设施与游客接待设施组合方案的游客吞吐量为6 000～8 000人次/日。

9.4.3.3　施工流程

窟区方案数字展示设施与游客接待设施建设时的施工流程如图9-1所示。

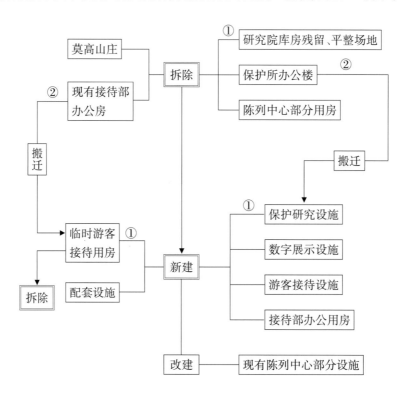

注：（1）图中有箭头者表示施工次序，无箭头者表示施工可交叉进行，也可先后进行；带圈数字为施工时必须遵循的顺序。（2）图中双线框所示环节表示在施工中可产生废渣。

图9-1　窟区选址数字展示设施与游客接待设施建设施工流程

9.4.4　窟区选址设施建设产污环节与产污量分析

9.4.4.1　施工期

在窟区选址建设数字展示设施与游客接待设施对洞窟文物环境的影响主要发生在施工期，产生的主要污染物及其影响有：

（1）数字展示设施和游客接待设施建设地基开挖中会产生爆破振动、噪声、固体废物；现有建筑物的拆除也会产生固体废物。

（2）施工中产生的废水排放。

（3）施工过程中产生的扬尘和施工机械产生的废气。

（4）整个施工过程对莫高窟旅游环境产生不利影响。

（5）整个施工过程对窟区景观造成较大的影响。

（6）施工人员也会产生少量生活"三废"。

根据莫高窟保护利用设施项目的《可研报告》，结合施工特点，在施工期间产生的弃渣量、污水量和废气量见表9-3。

表9-3　窟区方案建设工期弃渣、污水、废气产量估算一览表

污染项目		施工项目	产生量 /t	回(收)填量 /t	弃渣量 /t
弃渣	数字展示设施和游客接待设施建设	房屋拆迁	23 088	4 618	18 470
		地基开挖(数字展示设施)	72 800	21 840	50 960
		地基开挖(游客接待设施)	37 661	7 532	30 129
		地基开挖(保护研究设施)	2 457	2 211	246
		建材破损及装修垃圾	180	54	126
		合计	136 186	36 255	99 931
	施工人员生活垃圾 /t		132		
污水	施工废水 /m³·d⁻¹		10		
	施工人员生活污水 /m³·d⁻¹		12		
	合计 /m³·d⁻¹		22		
废气	施工场地产生扬尘 /kg·d⁻¹		50		

9.4.4.2　运营期

项目运营期间，随着对新建数字展示设施和游客接待设施的使用，游客量会有所增加，按高峰期日最大游客接待量10 000人计，预计生活污水排放量增加约30 m³/d，固

体废物排放量预计增加量约1 000 kg/d。

9.4.4.3　项目建设前后主要污染物排放对比分析

通过以上分析可知，若按窟区方案建设项目，则实施前后对窟区环境质量影响的主要因素为水、气、渣三项。莫高窟保护利用工程项目建成后，随着燃煤锅炉的取缔，窟区的大气环境将会得到改善，窟区污水及固体废弃物的排放变化量主要取决于工作人员和游客数量的变化，随着未来莫高窟工作人员及旅游总人数的变化，项目建设前、中、后期"三废"排放量估算情况见表9-4（表中建设后污水量和生活垃圾量按日最大游客接待量10 000人次计算）。

表9-4　项目建设前、中、后期"三废"排放情况对比表

污染项目	建设前	建设中	建设后	前后期增长率 /%	备　注
污水量	95.8 m³/d	130 m³/d	123.2 m³/d	28.6	由游客人数增加而引起
烟尘量	373 kg/h	373 kg/h	0	−100	地源热替代燃煤热
生活垃圾	1 710 kg/d	1 830 kg/d	2 710 kg/d	58.5	由游客人数增加而引起
建筑垃圾	0	100 571 t	0	0	不包括维护、维修弃渣

由表9-4可见，项目建成后窟区污水排放量将在原来的基础上增加28.6%，即每天增加27.4 m³/d；生活垃圾排放量增加率为58.5%，即每天增加约1 000 kg/d。

9.5　窟区方案建设环境影响评价

9.5.1　景观影响评价

数字展示设施拟建在陈列中心的东侧，其高度不超过现有陈列中心的高度，虽然与自然景观有较大的反差，但其隐蔽性较好，不直接进入游客的视线。游客接待设施拟在现有的售票接待办公室、莫高山庄拆除后重建，地上建筑直接暴露于大泉河东岸台地，游客视觉敏感度极高，与自然景观的协调性较差。配套设施尤其是拟建的大泉河行人桥梁，对窟区景观的影响较大。

9.5.1.1　施工期

施工期要占用一定的土地，会改变土地环境利用状况。施工营地、料场、作业场地、施工机械、土石方以及建筑垃圾的堆放都会对窟区景观产生不良影响，尤其是改变了原有的自然及人文景观，并且对莫高窟景观及旅游环境造成一段时间的影响。

9.5.1.2　运营期

建设项目建设完成后，从总体上讲莫高窟文物保护设施得到了加强，旅游环境得到了改善，为游客参观莫高窟提供了方便，也为扩大游客参展莫高窟的信息量创造了现代化的条件，可减轻游客参观洞窟的环境压力，在提高游客接待能力方面起到了积极作用。但数字展示设施现代化建筑和靓丽的游客接待设施对莫高窟景观的影响较大，与原始古朴的石窟景观形成了很大的反差。图9-2为窟区选址数字展示设施建设效果图。图9-3为窟区选址游客接待设施效果图。

图9-2　窟区选址数字展示设施建设效果图

图9-3　窟区选址游客接待设施效果图

原始的窟区内既有古色古韵的石窟景观，又有小型沙漠绿洲的自然人文风光。保护利用设施建成后，数字展示设施、游客接待设施等人工建筑遍布其中，其主体色调、形态与原景观相比，人造景观的比重有所增加。尽管人工建筑的景色力求完美，但它们与窟区戈壁荒漠自然景观之间仍然存在着不协调的一面。

因为保护利用工程中的崖体栈道加固、风沙危害治理、安防建设对整个窟区的格局没有改变，其景观敏感度和阈值与现状相比几乎没有变化，工程建设期对景观的影响范围是有限的，影响持续时间也是短期的。所以这里主要对数字展示设施和游客接待设施运营期其景观美学影响进行分析评估。根据第3章表3-4景观美学评价计分表及表3-5景观美学评价分级标准表，对项目建成后景观进行评价，评价结果见表9-5。

表9-5　新建数字展示设施和游客接待设施景观美学评价结果

评分指标		评分项目		
		数字展示设施	游客接待设施	配套设施
评分	形态	33	30	20
	线性	24	21	16
	色彩	17	15	14
	质感	8	7	6

续表9-5

评分指标	评分项目		
	数字展示设施	游客接待设施	配套设施
合计	82	73	56
评价等级	2级(较好)	3级(一般)	4级(差)

由表9-5可知，数字展示设施隐蔽于原陈列中心的东侧，避开了游客的观光视线，最大限度地减少了对原有景观的负面影响，评价等级为2级（较好）；游客接待设施虽然通过下沉和半地下建筑处理，消减了体量，但与莫高窟整体景观不太协调，评价等级为3级（一般），配套设施与莫高窟整体景观不协调，评价等级为4级（差）。

窟区景观是一种不可再造的资源，而且是唯一的，因而景观保护以预防损害为主。这就要求莫高窟保护利用工程建设不论是选址方案还是设计方案，不论在施工期还是在完工后的运营期，都必须尽可能地减少对窟区景观的干预。莫高窟的数字展示设施和游客接待设施选择在窟区建设，对于窟区的景观影响较大，虽然在设计上采取半地下的方案，但总体上与窟区的景观不太协调。

9.5.2　生态环境影响评价

数字展示设施和游客接待设施建设选址在大泉河右岸，其中数字展示设施建设位置在陈列中心东侧，游客接待设施建设位置在原接待部、售票处、莫高山庄地块。这里处在大泉河右岸敦煌研究院办公区南面，原地貌形态属戈壁台地，地表出露中更新统酒泉砾岩。由于地表没有土壤分布，种草种树难以实施，便成为窟区绿洲中部的裸露地带。因此，在这里建设数字展示设施和游客接待设施不会损害地表植物，也不会影响窟区小型绿洲。

9.5.2.1　施工期

莫高窟干旱的自然环境决定了区域自然植被呈零星分布。按照窟区方案建设，数字展示设施和游客接待设施在施工过程中，不管是地基开挖还是施工场地占用，都不会对自然植被和人工植被造成破坏，也不存在占用耕地的问题。所有施工占地范围都在已有的人工活动范围内，并没有向外扩展，所以对周围动物的干扰范围没有扩大。加之施工期时间有限，施工挖掘、搬运及其噪声，对原栖息动物产生的干扰和影响小、持续时间也很短暂。因此，对动物的影响与现状影响相同。

9.5.2.2　运营期

从建设项目分类来看，莫高窟数字展示设施属新建项目，游客接待设施属原位置改建项目，两项工程建设完工后，游客接待设施得到了更新，接待条件显著改善，在原陈列中心东侧新建的数字展示设施建筑（2个主题影院和2个洞窟实景漫游球幕剧场），增加了部分建筑面积和地面硬化面积。然而，与窟区广袤的荒漠面积相比，新增数千平方米建筑面积显得微不足道，对生态环境产生的影响很小，几乎可以忽略不计。

9.5.3　大气环境影响预测评价

据监测资料显示，窟区TSP通常超标，CO在停车场和化粪池附近略有超标，其他指标均达到国家一级标准，大气环境质量总体良好。

数字展示设施和游客接待设施建设期所产生的大气污染物主要是现有建筑物拆除、施工场地地基开挖产生的扬尘和施工机械排放的废气，其次是建筑材料、建筑垃圾的运输引起的扬尘及废气，这些大气污染物的排放主要集中在项目建设施工阶段。

9.5.3.1　施工期

虽然窟区极度干旱，风沙频繁，地面扬尘易发多发，但是数字展示设施与游客接待设施建设地点在窟区大泉河右岸，施工场地以戈壁沙砾石为主，地面没有土壤分布，细颗粒的物质成分少，由此引起的扬尘相对有限，与大气中自然因素造成的TSP含量相比，所占比例很小，加之大气扩散条件好，扬尘易于扩散。可见施工扬尘对区域大气环境的影响较小。

9.5.3.2　运营期

数字展示设施和游客接待设施建成运营期间，窟区原有燃煤锅炉已经完全被同期建设的地源热取代，消减了锅炉烟气所造成的大气污染。重建的游客接待设施仅提供加热快餐及饮料服务，不设中式厨房，不产生污染气体，对大气环境没有不良影响。需要注意的是旅游车辆尾气排放会对窟区大气环境产生影响。新建停车场位于窟区岗楼北侧的空地上，面积可达到15 000 m²，可同时停放125辆小轿车和120辆大客车。尽管停车位置比较分散，周围环境空旷，有利于尾气的扩散，但莫高窟壁画、彩塑对大气氮氧化物、碳氧化物比较敏感，应采取措施严加防范。

数字展示设施建成运营后，游客增加对洞窟小气候的影响主要表现在参观洞窟的人数和滞留时间长短上。总体来讲，数字展示设施对游客的分流作用可在一定程度上减轻游客参观洞窟的压力，缩短游客在洞窟中的滞留时间，对洞窟文物的保护比较有利。但随着旅游业的发展，莫高窟旅游人数大幅度增加，对窟区游客接待及文物保护仍然具有很大的压力。由此可见，这一减一增相互抵消，游客对洞窟小气候产生的影响与以前相比变化不大。

9.5.4　水环境影响评价

窟区水环境特征首先表现为极度干旱缺水，既缺少地表水，又缺少地下水，其次是水质差，硬度大，偏碱性。年径流量仅为 $240.9 \times 10^4 \ m^3/a$ 的大泉河溪流便是窟区唯一的地表水资源，地下水也是大泉河出山口入渗的少部分水量。不论是地表水还是地下水，均为矿化度 $1.3 \sim 3.0 \ g/L$ 的微咸水，难以正常开发利用。

窟区的生活供水主要靠窟区北面 6 km 以外地下水水源，通过打井取水和管道加压输水获得。莫高窟实施的建设项目，受极度干旱缺水条件限制，工程施工期对水环境的影响是非常有限的，运营期对水环境的影响主要取决于外来供水量的大小和用水、排水的多少。

9.5.4.1　施工期

在窟区实施建设项目的用水主要依靠外来供水量，仅有很少的工程用水量可利用大泉河水源。施工期产生的废水包括施工人员的生活污水和施工废水。数字展示设施和游客接待设施在窟区建设，按施工高峰期现场劳动人数 150 人计，用水定额 100 L/人·日，每日用水量可达 15 m^3，生活污水按用水量的 80% 计算，则每日预计排放生活污水 12 m^3。其污染物浓度一般为：COD_{cr} 300 mg/L、BOD_5 140 mg/L，SS 100 mg/L。由此计算得到 COD_{Cr} 排放量为 3.6 kg/d，BOD_5 排放量为 1.68 kg/d，SS 排放量为 1.2 kg/d。施工废水主要包括砂石料冲洗废水，结构阶段混凝土养护排水，各种车辆冲洗废水。受强烈蒸发作用的影响，预计产生施工废水排放的总水量很小，不足 10 m^3/d。

显而易见，施工期产生的生活污水和施工废水排放量都不大，污染成分以耗氧有机质和泥沙为主，而且是间接排放，这些废水可以直接掺入绿化灌溉水中用于绿化，或者分散排放，依靠当地强烈的蒸发作用予以消耗。总之，根据施工地区的自然环境特点和工程建设产生废水量较小的情况，只要采取适当的防护措施就会避免对环境造成的不良影响。

9.5.4.2　运营期

莫高窟数字展示设施和游客接待设施建成后，运营会引起窟区的用水、排水量发生变化。用水量的变化由游客的数量而定，按照动态容量预计每天平均接待游客 6 000 人次，用水量标准以 6 L/人次计，游客日用水量可达 36 m^3/d；与工作人员同期总用水量 73.75 m^3/d 相加，则生活用水量约 109.75 m^3/d。空调补水以 2 m^3/h 计，工作时间 10 h，日用水量为 20 m^3/d，则窟区日用水量总计 130 m^3/d。排水量按用水量的 80% 计，日排水量达 104 m^3/d。若按照最大日游客量的基础上翻一番，即按日接待 10 000 人计，运营期莫高窟最大日用水量为 154 m^3/d，排水量为 123.2 m^3/d。与莫高窟现状日最大排水量 95.8 m^3/d 相比，增加了 27.4 m^3/d，增加率为 28.6%，预计年增加量约为 10 000 m^3。

按"以新代老"原则，在莫高窟保护利用工程建设中，应对窟区污水排放进行规划设计，统一铺设污水排放管道，将窟区全部污水引到重点保护区外，采用地埋式污水处理设施，对窟区生活污水进行处理，达标后用于绿化灌溉。

可见，按照窟区方案建成数字展示设施和游客接待设施，运营期排放的生活污水在现有95.8 m³/d的基础上增加了27.4 m³/d，最大排放量为123.2 m³/d。污水成分比较单一，主要污染物为COD、BOD、SS。污水经处理后可回用于绿化灌溉，对环境造成的影响可以控制。

9.5.5　噪声环境影响评价

窟区远离城市，也远离乡村，除游客参观时段，这里人烟稀少，显得十分幽静。据多次多点位噪声监测，莫高窟声环境现状昼间为32～46 dB（A），夜间为31～36 dB（A），声环境质量很好，全部符合《城市区域环境噪声标准》（GB3096－93）中的最低限制（0类标准）。但是数字展示设施和游客接待设施在窟区建设和运营，不可避免地会产生噪声，对此必须提前做好预测和防范措施。

9.5.5.1　施工期

施工期噪声主要来自建筑施工机械以及来往车辆的交通噪声，在施工的不同阶段噪声有不同的特性。建筑施工噪声对环境的影响具有间歇性、阶段性等特点，而且与环境噪声背景值密切相关，白昼由于施工场地附近车辆流动、人群活动等，环境噪声背景值较大，建筑施工噪声的影响不太明显，到了夜间，随着交通流量及人群活动量的减少，环境噪声背景值较低，建筑施工噪声的影响较为突出。

噪声影响预测模式如下：

（1）预测点噪声级叠加公式：

$$L_{pe} = 10 \times \lg\left[\sum_{i=1}^{n} 10^{L_{pi}/10}\right] \qquad （式9-1）$$

式中：L_{pe}为叠加后总声级，dB（A）；L_{pi}为i声源至预测点的声级，dB（A）；n为噪声源数目。

用上述公式计算出各噪声源点至基准预测点的总声压级，然后以基准预测点的噪声强度为工程噪声源强。

（2）噪声户外传播声级衰减预测公式

$$L_A(r) = L_{A\,ref}(r_0) - (A_{div} + A_{bar} + A_{atm} + A_{exc}) \qquad （式9-2）$$

式中：$L_A(r)$为距声源r处的A声级，dB；$L_{A\,ref}(r_0)$为参考位置r_0处的A声级，dB；A_{div}为声波几何发散引起的A声级衰减量，dB；A_{bar}为遮挡物引起的A声级衰减量，dB；A_{atm}为空气吸收引起的A声级衰减量，dB；A_{exc}为附加A声级衰减量，dB。

考虑到窟区现状，由于无明显的噪声遮挡物，且空气吸收引起的衰减量不大，因此本次声环境影响预测评价主要考虑声波几何发散引起的A声级衰减量A_{div}。

$$A_{div} = 10 \lg \frac{1}{4\pi r^2} \qquad \text{(式9-3)}$$

所以

$$L_A(r) = L_{A0} - 10 \lg \frac{1}{4\pi r^2} \qquad \text{(式9-4)}$$

式中：$L_A(r)$为距声源r处的A声级，dB；L_{A0}为噪声源强，dB。

工程施工期可分为土石方、基础施工、结构施工、装修四个阶段，各阶段的施工机械不同，所以产生的施工噪声也不同。根据噪声级叠加公式，以及各机械的噪声源强，计算出施工各阶段的噪声，见表9-6。

表9-6　施工各阶段噪声源强

施工阶段	主要噪声源	声功率级/dB(A)
土石方	挖掘机、推土机、装载机、翻斗车及各种运输车辆	110
基础施工	风镐、空压机、吊车等	120
结构施工	混凝土搅拌机、振捣棒、水泥搅拌机和运输车辆等	110
装修阶	砂轮机、电钻、切割机等	95

数字展示设施和游客接待设施的施工现场，噪声对周围环境产生的影响采用上述预测模式，确定本项目各施工阶段的场界昼夜噪声排放情况，根据表9-6中的计算结果，结合实际情况，因基础施工阶段没有打桩机，其噪声源强减小为110 dB。以50 m处的预测值作为施工厂界噪声值，并与建筑施工场界噪声限值进行对比，结果见表9-7。

表9-7　各施工阶段场界噪声与标准限制对比表

单位：Leq[dB(A)]

施工阶段	主要噪声源	场界噪声预测值		噪声限值	
		昼间	夜间	昼间	夜间
土石方	推土机、挖掘机、装载机等	65	65	75	55
基础施工	风镐、空压机、吊车等	65	禁止施工	75	禁止施工
结构	振捣棒、电锯等	65	65	70	55
装修	砂轮机、电钻、切割机等	50	60	65	55

由此可见，白天施工噪声在限值以内，夜间施工噪声超过噪声限制。因此，应禁止夜间施工。

根据噪声衰减预测模式，计算出主要施工机械噪声在不同距离处的噪声值。预测结果详见表9-8。

表9-8 各施工阶段在不同距离处的噪声预测值

单位：Leq[dB(A)]

施工阶段	噪声源强	距离（m）/衰减量					
		20/−37	50/−45	100/−51	150/−54.5	200/−57	300/−60.5
		预测值					
土石方	110	73	65	59	55.5	53	49.5
基础施工	110	73	65	59	55.5	53	49.5
结构施工	110	73	65	59	55.5	53	49.5
装修	95	58	50	44	40.5	38	34.5

产生噪声的数字展示设施和游客接待设施建设的施工场地到声环境主要保护目标——洞窟群的距离为300 m。从表9-8中可以看出，噪声在距施工场界300 m处已消减为34.5～49.5 dB，不会对洞窟文物的安全产生任何影响；到办公区的距离为300 m，也不会产生不良影响；到居住区的距离为200 m，噪声已衰减为38～53 dB，也几乎不产生影响。保护所办公用楼的建设区距居住区仅有几十米，该场地在建设期的噪声会对工作人员产生影响。

因为建设地点在游客游览的必经路线上，在白天游览时段施工时，施工机械和车辆产生的噪声会对游客造成一定的困扰。

9.5.5.2 运营期

数字展示设施和游客接待设施的建成，没有新增噪声源，整个窟区声环境状况几乎没有发生变化，所以运营期对周围声环境没有影响，不存在噪声对人群的危害。

9.5.6 施工振动影响评价

数字展示设施和游客接待设施在窟区建设，不可避免会产生机械振动，这些机械振动对洞窟是否产生影响，是否影响到洞窟的稳定性，必须通过调查分析做出明确的回答。在施工中可能产生机械振动的作业主要包括地基土方工程中的松动爆破、挖掘机和其他机械。

9.5.6.1 地基松动爆破对莫高窟的振动影响分析

爆破所产生的振动波对周围建筑的影响强弱主要取决于爆破的强烈程度、波传播的介质和爆破点到建筑物的距离。在莫高窟的数字展示设施和游客接待设施建设场地地基土方开挖工程中，爆破强度受到严格限制，只能选择达到地基岩土松动的最小爆破强度，传播介质是固定的地层和空气。然而，爆破点到防护对象的距离便成了决定地基爆破是否会对防护对象产生不良振动影响的主要因素。

目前，国内外对有重要意义的遗迹文物所采用的振动防护标准（表9-9）具有一定的差别，最小的仅有0.1 mm/s，最大的7.5 mm/s。

表9-9 国内外有重要意义的遗迹文物振动防护标准

国家名称	研究者	振动性质	防护对象	振动标准
联邦德国	DIN450	爆破振动	文物保护的重要遗迹古建筑和历史性建筑物	2 mm/s
英国	Ashey	爆破振动	古建筑和历史纪念物	7.5 mm/s
中国	机械工业环保设计 JB16-88	环境振动	（1）有保护价值的建筑物和古建筑 （2）古建筑严重开裂及风蚀者	$V_{max}<3(10\sim30\ Hz)$ $3\leq V_{max}<5(30\sim60\ Hz)$ $V_{max}<1.8(10\sim30\ Hz)$ $1.8\leq V_{max}<3(30\sim60\ Hz)$
英国	隧道学会	爆破振动	古建筑和历史性纪念建筑物	7.5 mm/s
中国	中科院力学所等	爆破振动	龙门石窟，"爆破振动对龙门石窟影响的测试研究"	0.4 mm/s
中国	专家论证会 1989	铁路环境振动	龙门石窟，"铁路振动影响龙门石窟安全的控制阈值"	0.1 mm/s

根据振动防护标准表中所列的防护对象，结合莫高窟文物保护对象的自身抗震性，并考虑防护标准的50%预量，将本次振动环境影响评价中的主要保护目标莫高窟洞窟文物和接待部前面舍利塔的防护标准分别定为0.05 mm/s和2.0 mm/s（30～60 Hz）。

关于地基岩土松动爆破，在窟区已有过试验研究。在窟区陈列中心建设前期，为评价地基大量开挖对文物的影响，1992年中国地震局兰州地震研究所在现场进行了地基爆破振动试验研究。爆破试验分3次进行，每一次爆破一组炮孔，每组15个孔，分3行布置，行距60 cm，孔距80 cm，孔深1.2 m；3组炮孔的装药量分别为每孔80 g、100 g、100 g。起爆方式为人工点燃导火索雷管引爆，每个炮孔引爆时间间隔2～3 s。

爆破试验的振动监测点分布平面图与剖面图如图9-4、图9-5。4个观测点分别位于舍利塔（1＃、距离38.5 m）、接待部（2＃、距离60.5 m）、大泉河河床（3＃、距离191.5 m）和350窟（4＃、距离301.5 m）。

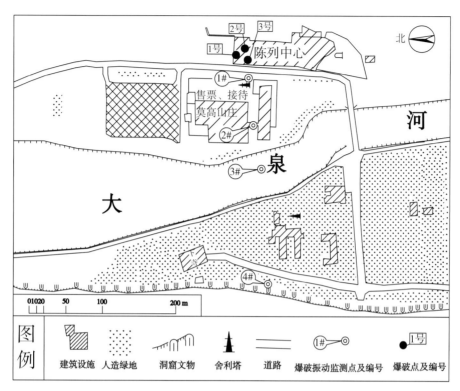

图9-4　爆破试验点及爆破振动观测点分布平面图

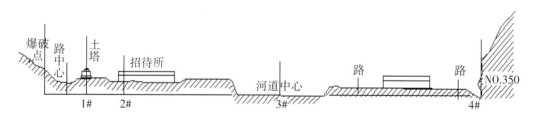

图9-5　爆破试验点及爆破振动观测点分布剖面图

在3次爆破试验中，地基岩体的松动效果都达到了预期目的，因此，3次爆破的观测数据都是有效的、可信的。爆破试验振动观测数据见表9-10。

表9-10　陈列中心工地爆破试验振动观测结果表

试验次序	药量/g	方向	1#点		2#点		3#点		4#点	
			V_{max} /mm·s^{-1}	F /Hz	V_{max} /mm·s^{-1}	F /Hz	V_{max} /mm·s^{-1}	F /Hz	V_{max} /mm·s^{-1}	F /Hz
1	80	垂直	0.480	30	0.12	23	0.003	23	0.001	23
		水平	0.745	34	0.39	23	0.025	23	0.004	34

续表9-10

试验次序	药量/g	方向	1#点		2#点		3#点		4#点	
			V_{max}/mm·s⁻¹	F/Hz	V_{max}/mm·s⁻¹	F/Hz	V_{max}/mm·s⁻¹	F/Hz	V_{max}/mm·s⁻¹	F/Hz
2	100	垂直	0.350	41	0.125	35	0.125	35	0.002	52
		水平	0.875	26	0.370	41	0.012	23	0.065	35
3	100	垂直	0.675	34	0.125	34	0.018	34	0.005	35
		水平	1.035	34	0.795	30	0.135	30	0.012	30

爆破试验结果表明：①舍利塔振动的最大速度为 1.035 mm/s，小于其振动防标准1.8 mm/s，可认为舍利塔在爆破振动作用下是安全的。②爆破振动对石窟产生的最大振动速度为 0.012 mm/s，小于 0.05 mm/s 的标准，因此可认为莫高窟在特定条件小药量爆破振动作用下是安全的。

针对本次数字展示设施和游客接待设施在窟区选址建设方案，数字展示设施地基开挖方量估计约 28 000 m³（8 500 m²×3 m=25 500 m³，地上岩体 100 m×10 m×2.5 m=2 500 m³）；游客接待设施及接待部办公用房地基开挖方量估计约 14 485 m³（2 897 m²×5 m=14 485 m³）。地基岩层均为酒泉砾岩，泥质和钙质胶结，开挖时需进行松动爆破。从陈列中心地基开挖爆破试验的结果来看，使用 80 g 和 100 g 的炸药炮孔进行爆破，对莫高窟石窟及文物基本不产生影响。现有售票处前的舍利塔距开挖地点仅有 20 m，地基爆破虽然不会造成舍利塔毁坏，但存在不良影响。因此，为了确保文物的安全，在地基开挖中禁止采用炸药爆破方式，应采用以 CaO 为主要原料的无振动地基松动开挖方式。

9.5.6.2 建筑机械对莫高窟的振动影响分析

在数字展示设施和游客接待设施建设工程实施过程中，除了地基爆破产生的振动以外，还有挖掘机、推土机、卡车、混凝土搅拌机、混凝土振捣器、升降机等产生的机械振动，这些机械振动对保护目标（石窟）产生的影响大小，一方面取决于振动能量在传播过程中的衰减率，另一方面取决于传播距离。

根据《建筑施工振动环境影响评价》（殷楚梅 等，2001 年）中的 Bornitz 公式计算方法，可选其基准参数（$r_0 = 5$ m）为洞窟铅垂向 Z 振动级，基准振动级见表9-11。

按《建筑施工场界噪声限制标准》（GB12523-90），对洞窟振动级进行对比评价，可知挖掘机、推土机分别超出标准值（75 dB）9 dB 和 8 dB，混凝土搅拌机、卡车、混凝土振捣器和升降机没有超标。但考虑到挖掘机、推土机的作业地点距洞窟的最近距离约为 230 m，振动经过传播过程中的衰减作用，可以认为振动波到达洞窟，其振动级已衰减到限制标准以内。推土机、挖掘机等施工机械作业引起的共振频率为 17～42 Hz 之间，也远低于洞窟围岩的共振频率，因此不会对洞窟崖体造成不良影响。

表9-11　$r_0 = 5\,\mathrm{m}$建筑机械基准振动级

机械	振动级/dB	机械	振动级/dB
挖掘机	84	卡车	68
推土机	83	混凝土振捣器	71
混凝土搅拌机	70	升降机	65

9.5.7　固体废弃物影响评价

据2006年调查，莫高窟有两处固体废弃物处理处置场地：一处是生活垃圾填埋场，位于窟区岗楼东北方向约500 m的北麻黄沟左侧，面积约为15 000 m²，容量约45 000 m³。该填埋场采用土坝防洪，坝高约4 m，建于1996年，已运行10年，占用设计容量的五分之一。填埋场内的垃圾主要包括废纸、废塑料、废织物、厨余垃圾、废玻璃陶瓷碎片及一些零散小型废电器等。窟区旅游旺季每日产生生活垃圾约1.71 t，全年产生生活垃圾约624.15 t。其中一些可燃垃圾在处置场直接进行焚烧后与其他不可燃垃圾进行填埋处理。另一处为建筑垃圾填埋场，位于窟区岗楼西北方向约300 m处的大泉河右岸河漫滩，建有防洪堤坝。这个填埋场面积约56 000 m²，填埋深度1.5～2 m。垃圾类型主要是沙土、废弃的砖块和水泥块等。

数字展示设施和游客接待设施在窟区建设，不可避免地会增加建筑垃圾和生活垃圾的产生量，可对当地干旱脆弱的自然生态环境系统产生不利影响，也会对莫高窟文物保存环境和旅游环境产生不利影响。

9.5.7.1　施工期

数字展示设施和游客接待设施建设施工期产生的固体废弃物主要包括建筑垃圾和施工人员的生活垃圾。建筑垃圾是指地基开挖的弃渣，建筑过程中的废砖块、碎木块、浇注件、包装箱、包装袋等。据初步估算，数字展示设施建设地基开挖共产生沙砾石弃渣约50 960 t，游客接待设施建设地基开挖产生沙砾石弃渣约30 129 t，加上其他建筑垃圾约19 482 t，估计共产生建筑垃圾约100 571 t。生活垃圾按每人每日产生0.8 kg计算，每日约有150人参加施工，施工期间每日产生垃圾120 kg。若这些建筑垃圾和生活垃圾得不到及时处理，随意堆放在建筑施工地及其周围，会对窟区的景观和环境产生不良影响，对窟区环境造成污染。

9.5.7.2　运营期

数字展示设施和游客接待设施在窟区建成后，运营期间产生的固体废弃物主要是生活垃圾，与现状相比，生活垃圾的增加量与游客增加成正比。一般情况下，按日增加游

客 3 000 人次计，每人每日产生生活垃圾 0.2 kg，每日预计增加生活垃圾 600 kg，每年增加约 220 t；旅游旺季按日最大增加游客 6 000～10 000 人次计算，预计年增加量为 360～720 t。随着旅游业的发展和莫高窟游客人数的大幅度增加，旅游垃圾也随之大幅度增加，这将对莫高窟文物保存环境带来比较严重的影响。

旅游垃圾主要是废纸、食品包装袋、饮料瓶等，需通过定点回收，统一处理，使旅游垃圾对环境的影响降至最低。

9.5.8　对莫高窟旅游环境的影响评价

9.5.8.1　施工期对旅游环境的影响

数字展示设施和游客接待设施建设施工期间，先是拆除现有售票处、接待部、莫高山庄、商铺和保护所楼房等建筑，接着是地基开挖，施工占地及施工作业产生的噪声、振动、扬尘、废气、废水等，不仅会对窟区环境带来较大影响，而且会对游客参观带来不利影响，这种影响要延续 3 年。虽然可以通过优化设计施工场地及游览路线来消减施工带来的一些影响，但是工程规模和动用土方量偏大，距离洞窟较近，持续时间较长，影响面较宽，并且挤占了部分旅游空间，会引起游客的不满或抱怨。

9.5.8.2　运营期对旅游环境的影响

数字展示设施建成使用后，莫高窟静态游客承载量必然增加。窟区可能出现的情况是保留 30 个正常开放的洞窟，实际利用率为 100%；数字展示设施和下寺的实际利用率为 100%。尽管数字展示设施在窟区建设的初衷是要激活陈列中心，提高陈列中心的利用率，但现实具有较大的不确定性，很可能游客只把它当作前往数字展示影院的通道，这将使得陈列中心的实际利用率仍然为 15% 左右。据此，可以预计数字展示设施在窟区建成后，莫高窟全部参观设施的合理静态游客承载量为 2 730 人次（表9-12）。

表9-12　莫高窟的合理静态游客承载量

序号	参观设施	利用率	合理动态游客承载总量/人次
1	30个正常开放洞窟	100%	1 381
2	下寺	100%	398
3	上、中寺	15%	141
4	陈列中心	15%	180
5	数字展示设施	100%	630
6	合计	—	2 730

按可比原则与现状对比，数字展示设施建成后，莫高窟的合理静态游客承载量增加了630人次，增加幅度为30%。

随着静态游客承载量的增加，莫高窟动态游客承载量也会显著增加。数字展示设施建成后，在游客高峰期，每个洞窟的讲解时间可以从现在的平均8分钟降低到平均4分钟；与此同时，可以将洞窟的开放时间增加2小时，则4个必看洞窟的最小合理动态游客承载量将增加到5 475人次/日，也就是数字展示设施建成后莫高窟的合理动态游客承载量为5 475人次/日。与现状相比，增加了2 555人次/日，增加幅度为87.5%。

可见，数字展示设施的建成在不同程度上提高了莫高窟的合理静态及动态游客承载量，为解决游客量的增加与石窟文物保护之间的矛盾提供了新途径。

通过统计分析过去几年游客参观洞窟的数量和讲解时间，可以发现游客平均参观洞窟数量10～12个，每个洞窟讲解时间5～8分钟，讲解时间总计约71分钟，加上参观行走时间约44分钟，参观洞窟总时间为115分钟；再加上购票、参观陈列中心的时间，游客总共在窟区停留时间约123分钟。据《敦煌莫高窟保护利用设施项目可行性研究》，数字展示设施和游客接待设施在窟区建成后，游客参观洞窟的时间将大幅度减少，平均单个洞窟参观时间由原来的8分钟减少为4分钟，参观洞窟的总时间由原来的115分钟减少为84分钟。但是数字展示设施的启用和陈列中心的激活，将使游客用60～80分钟时间观看主体电影和球幕电影及多媒体节目，以及人-机交互娱乐等项目，实际上使游客在莫高窟区停留的总时间大幅度增加，由原来的平均123分钟延长到169分钟，表9-13为数字展示设施建设前后游客在窟区停留时间统计表。

表9-13   数字展示设施建设前后游客在窟区停留时间统计表

项　目	建设前	建设后
参观洞窟数 /个	10～12	10
每个洞窟讲解时间 /min	5～8	4
讲解时间总计 /min	71	40
参观行走时间 /min	44	44
参观洞窟时间总计 /min	115	84
在数字展示设施停留平均时间 /min	0	60
在陈列中心停留时间 /min	0～6	5～15
购票、休息、餐饮、购物等 /min	5	15
在窟区的总时间 /min	123	169

可见，随着游客人数的大幅度增加和在莫高窟区停留时间的延长，不仅使减轻窟区环境压力的目标难以实现，而且导致了整个窟区资源、能源消耗量增加，就餐人数增加、用水量增加，进而引起废水和垃圾排放量增加，由此对窟区文物保护环境和旅游环境产生不良影响。

9.5.9 窟区方案文物环境影响总结

数字展示设施和游客接待设施在窟区选址建设，增加了文物保护区现代建筑物的数量，与原始洞窟崖体、戈壁地貌形成强烈的反差，在一定程度上对莫高窟历史风貌造成不和谐的影响；虽然对窟区生态环境、土壤环境、大气环境的影响很小，甚至可以忽略不计，但是施工期占地、材料运输、施工噪声都会对窟区文物环境及旅游环境带来较大的影响，会使游客产生不满情绪。数字展示设施在窟区建成启用后，对原陈列中心有激活作用，将使游客在窟区停留的总时间由原来的平均123分钟延长到169分钟，随之会使就餐人数增加、用水量增加，必然引起废水和垃圾排放量增加，对文物保存环境的不良影响加重。因此，从文物环境保护和旅游环境保护来看，在窟区建设数字展示设施和游客接待设施不太合理。

9.6 数字展示设施和游客接待设施重新选址

9.6.1 重新选址的指导思想与基本原则

莫高窟的数字展示设施和游客接待设施建设位置的选择，要严格贯彻《中华人民共和国文物保护法》《中华人民共和国环境保护法》《中华人民共和国文物保护法实施条例》，遵循《中国文物古迹保护准则》《世界文化遗产保护管理办法》，以"保护为主、抢救第一，合理利用，加强管理"的文物保护总方针为指导思想，确保莫高窟文物及文物保存环境长治久安，确保用数字展示设施建设来减轻洞窟参观压力的目标得以实现，确保项目选址建设对莫高窟文物保存环境的影响最小化，对文物价值的有效利用最大化。

数字展示设施和游客接待设施选址、建设，应坚持以下基本原则：

（1）坚持文物保护优先，真实、完整、延续历史文脉。

（2）有利于文物环境和历史风貌保护，促进窟区节能、降耗、低碳发展。

（3）有利于处理好文物保护与旅游开发之间的关系，促进保护与利用协调发展。

（4）总结第一次选址经验，树立非保护设施"跳出保护区"的理念，不留历史遗憾。

（5）充分发挥数字展示设施疏导游客的作用，有效缓解窟区游客参观拥挤的问题。

（6）立足当前，放眼长远，为将来更好地发展留有余地。

9.6.2 重新选址过程与新墩方案

按照重新选址的指导思想，遵循选址基本原则，针对第一次选址对莫高窟文物环境存在不良影响的问题，本书作者团队在充分调研的基础上，把数字展示设施和游客接待设施建设重新选址的方向凝聚在游客通过铁路、公路到达敦煌参观莫高窟的必经之路范围以内。经过多因素考虑和三番五次赴文化路口西边沿 G314 公路南侧 5 km 范围现场踏勘，本书作者团队提出了"在莫高窟保护区北边界外侧文化路口以西 1.5 km 新墩林场地段选址建设数字展示设施和游客接待设施"的方案（简称新墩方案）。经敦煌研究院主管院长同意，重新委托兰州大学环境质量评价研究中心进行新选址建设项目文物环境影响评价。本书作者为该评价项目的负责人和评价报告的编写人。

新墩方案选址在莫高镇新墩林场居民区和苏家堡林场居民区之间的一片空地上（图 9-6），新选址地块约 26 hm²，距离新墩林场居民区和苏家堡林场居民区分别为 170 m 和 390 m，两林场共有耕地 30.9 hm²，村民 32 户，122 人。太阳村位于新选址以西约 500 m，占地 280 亩，它是甘肃省第一家花园式酒店，酒店自 2000 年建成使用，仅在夏季营业，共有服务人员 15 人。敦煌机场位于新选址以东 3.2 km，始建于 1982 年 2 月，同年 7 月试飞成功，现占地面积约 2.8×10⁶ m²，拥有一条 2 800 m 的跑道，飞行区等级为 4C，有 5 个停机位，1.2×10⁴ m² 的候机楼，可满足高峰时刻每小时运送旅客 600 人的要求，现已开通到达北京、西安、乌鲁木齐等国内城市的固定航线。2013 年建成通车的敦煌火车站就在新选址以东约 1.6 km 处 G314 公路北侧。

数字展示设施和游客接待设施建设新选址也位于敦煌绿洲东南部边缘地带，与《敦煌市城市总体规划》（2000—2020）拟定的"重点发展七里镇区-河西区-沙洲区-三危乡-莫高镇，争取将莫高镇发展为旅游服务次中心（沙洲区为主中心）"的规划相符合。根据《中华人民共和国村庄和集镇规划建设管理条例》第十八、十九、二十条规定，经敦煌市城乡规划局审核批准，该建设项目的选址用地性质、位置也符合村镇规划要求。由于新选址在敦煌机场控制区范围内，数字展示设施及游客接待设施建设也征得了敦煌机场管理部门的同意。

新墩方案跳出了莫高窟保护区范围，距莫高窟直线距离约 14 km，建设总占地面积为 180 200 m²，其中一期建设用地为 100 050 m²，二期预留用地为 80 150 m²。在这里建设数字展示设施及游客接待设施，不管是施工期还是运营期，不仅对莫高窟保存环境没有不良影响，而且将窟区的部分活动内容引到了保护区外，可明显减少游客对窟区环境的压力。

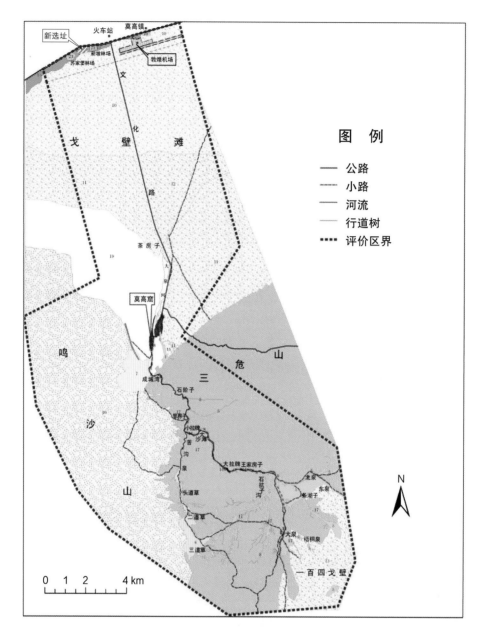

图9-6　新墩方案选址与莫高窟保护区位置关系示意图

9.6.3　新墩方案建设内容及施工流程

9.6.3.1　建设内容

数字展示设施和游客接待设施建设新选址位于G314公路南侧，建设内容与窟区选址相同，包括2个主题影院和2个洞窟实景漫游球幕剧场，单个影院和剧场可容纳200人，总计容纳800人，运营时轮流使用。游客接待设施建设包括接待大厅、售票区、多媒体区、人-机交互区、餐饮区、休息区、购物区等。根据设施功能和选址特点将数字展示设施和游客接待设施有机结合，作为一个整体建筑（共4层），该建筑正面面向G314公路，接待大厅在首层前部（偏北），数字展示大厅在首层后部（偏西南）。

9.6.3.2　施工流程

新墩方案建设时的施工流程如图9-7所示。

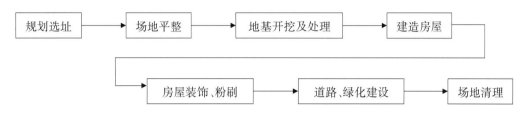

图9-7　新墩方案数字展示设施和游客接待设施建设施工流程

9.7　新墩方案环境影响评价

9.7.1　新墩方案建设产污环节与产污量

9.7.1.1　施工期

因本选址方案改变了数字展示设施和游客接待设施的建设地点，跳出了莫高窟保护区范围，随之而产生的环境影响会有明显变化，尤其是项目建设对莫高窟文物保存环境的影响发生了根本性变化。新墩方案在建设施工期的环境影响主要有：

（1）主体工程施工产生的废水、废气、废渣对周围环境的影响。

（2）停车场、道路等辅助设施建设施工产生的废气、废渣对环境的影响。

（3）施工机械噪声对新墩林场、苏家堡林场居民的影响。

（4）施工人员产生的生活"三废"对环境的影响。

施工期产生弃渣量、污水量和扬尘量的估算见表9-14。

与窟区建设方案相比，新墩方案建设施工期所产生的废弃渣很少，从而大大降低了弃渣处理成本和对环境的影响。

表 9-14   新墩方案建设施工期"三废"产量估算表

污染项目		施工项目	产生量 /t	回（收）填量 /t	弃渣量 /t
弃渣	数字展示及游客接待设施和辅助设施建设	地基开挖	85 200	85 200	0
		建材破损及装修垃圾	126	38	88
		合计	85 326	85 238	88
	施工人员生活垃圾 /t		132		
	总计 /t		220		
污水	施工废水 /m³·d⁻¹		10		
	施工人员生活污水 /m³·d⁻¹		8		
	合计 /m³·d⁻¹		18		
扬尘	施工场地产生扬尘 /kg·d⁻¹		50		

9.7.1.2   运营期

数字展示设施及游客接待设施在新选址建成后，运营期主要是游客观看敦煌文化艺术演出、体验洞窟漫游、消费、娱乐、餐饮等活动，将会产生一定的生活废水和垃圾。同时为设施冬季供暖而采用的模块式燃气锅炉（5 t/h），也会排放一定量的大气污染物，主要成分为 NO_x 和 SO_2。表 9-15 是新墩方案运营期废水、废气与生活垃圾产生量及其主要污染物的估算。

表 9-15   新墩方案运营期主要污染物产生量估算表

污染项目	排放量	主要污染物	产生量
废水	56 t/d	COD_{cr}	16.8 kg/d
		BOD_5	7.84 kg/d
		SS	5.6 kg/d
废气	1.14 Nm³/s （供暖期）	SO_2	5.56 mg/s
		NO_x	53.38 mg/s
生活垃圾	1.3 t/d		

9.7.2   景观影响评价

新墩方案在施工期间，要占用一定的场地，包括施工营地、料场、作业场地、土石方堆放等，虽然占用的是戈壁荒地和部分新开垦农用地，但建设施工改变了现场原有的

自然及人文景观，由此对局部范围内景观产生明显影响。由于新墩施工场地距莫高窟直
线距离14 km，因此不会对窟区景观产生任何影响。

新墩方案建成后，两座既有联系又具有单独运行功能的数字展示设施和旅游接
待设施分布于文化路口西侧新墩林场与苏家堡林场之间，建筑物占地18 667 m²，建
筑高度20.5 m，辅有两个占地共8 000 m²的停车场。该建筑设计端庄大方，既具有民
族文化传统的特色，又具有现代建筑的时代特征，饰面材料采用灰砖、石材、金属、
幕墙等。建筑分为中心建筑和广场（图9-8），两侧为沿街宽度90 m的绿化隔离带，
从而避免相邻地块建设对本建筑和景观的影响。新建项目景观敏感度评估结果和美学
评估结果见表9-16、表9-17。

图9-8　数字展示设施及游客接待设施主体建筑效果图

表9-16　新墩方案建成后景观敏感度评估结果

评价指标		评价项目	
		数字展示设施及游客接待设施	停车场
视角/ 视线坡度	特征值	30%～45%	20%～30%
	敏感度	很敏感	中等敏感
相对距离	特征值	<400 m	<400 m
	敏感度	极敏感	极敏感
视见频率	特征值	>30 s	10～30 s

续表9-16

评价指标		评价项目	
		数字展示设施及游客接待设施	停车场
	敏感度	极敏感	很敏感
景观醒目程度	特征表述	对比度高	对比度较高
	敏感度	很敏感	中等敏感

表9-17　新墩方案建成后景观美学评估结果

评分指标	评分项目	
	数字展示设施及游客接待设施	停车场
形态	38	38
线性	27	26
色彩	18	17
质感	9	8
评分合计	92	89
评价等级	1级(很美)	2级(美)

从评估结果可以看出，新墩方案建成后的景观敏感度为极敏感或很敏感等，美学评价数字展示设施和游客接待设施为1级；停车场为2级。该项目的主体建筑在设计上充分考虑了游客参观环境、就餐环境及休息环境，并且与周围的建筑景观保持了良好的相融性。

新墩方案建设在莫高窟保护区外部，不管数字展示设施和游客接待设施建筑的设计艺术有多么时髦或超现代化，都不会影响到相距14 km以远的莫高窟区古朴的景观。反而是新墩方案建成运营后，取代了窟区原有售票处、接待部、商铺、莫高山庄等，可将这些窟区现代建筑拆除，恢复历史风貌，以突显大泉河河谷地貌和窟区小绿洲特色，使窟区整体景观与洞窟崖体和自然景观更加和谐。

9.7.3　生态影响评价

新墩方案施工范围在G314公路旁、敦煌机场西面的新墩林场，这里是敦煌绿洲的边缘地带，一期工程仅占用143亩（0.095 km²）农用地和127亩（0.085 km²）荒地，对人工植被和自然植被局部小范围造成影响，这些影响在已有的人工活动范围内，并没有向外扩展，所以对周围动植物的干扰范围没有扩大，加之施工期时间有限，施工挖掘、搬运及其噪声，对原栖息动物产生的干扰和影响小，持续时间也很短暂，所以总体影响与现状影响基本相同。

运营期可逐步完成建设区及周围的绿化，不但使施工期损坏的植被得到补偿，而且还能逐步扩大人工绿化美化范围。可见，不论是施工期还是运营期，新墩方案都不会对周围生态环境产生不良影响，更不会影响窟区内的生态环境。

9.7.4 大气环境影响

新墩方案选址区大气污染物除TSP外的其他指标均达到国家二级标准。据现场监测显示，TSP在各测点的最大污染指数为1.05～12.83，这是由评价区干旱多风沙的地理环境造成的。由于建设场地以戈壁沙砾石为主，施工期引起的扬尘相对有限，加之大气扩散条件好，对当地大气环境造成的影响很小；同时，施工期也完全避免了对相距14 km的窟区大气环境的影响。

新墩方案冬季采暖选用模块式燃气锅炉，设置在数字展示设施的二层，用来制备50～60 ℃的热水为室内供暖，烟囱沿建筑物外墙安装至屋顶上方。燃气源由敦煌市天然气公司通过现有的燃气管网供给。天然气作为一种清洁能源，不含灰分，硫分含量极少，在燃烧过程中排放的污染物很少，主要排入大气的污染物为NO_x，加之所处地区地面平坦开阔，大气扩散条件很好。因此，只要按照规范设计安装模块式燃气锅炉，达标排放，就不会造成空气污染。

新墩方案将建成2个停车场：一个是西边绿化带北侧的停车场，占地面积5 000 m²，可提供40个大车及69个小车停车位；另一个是建筑南侧的停车场，占地面积3 000 m²，共有大巴停车位40个，小车停车位16个。南边即为空旷的戈壁，大气扩散条件好，所以停车场的汽车尾气对环境造成的影响很小。

为进一步证实新墩方案热源燃气锅炉废气排放对周围空气质量的影响，本次评价还采用《环境影响评价技术导则》（HJ/T2.2-93）中推荐的模式，预测了不同大气稳定度下SO_2、NO_x在不同距离的落地浓度、最大落地浓度及距离。其结果是：①污染物落地范围在下风向150～1 200 m之间；②污染源一次地面轴线最大浓度出现在污染源下风向300～500 m之间，SO_2的最大浓度为0.000 309 mg/m³，NO_x的最大浓度为0.002 92 mg/m³。可见污染物落地最大值相对于二级环境质量标准（SO_2为0.50 mg/m³；NO_x为0.15 mg/m³）非常低。所以项目运营期间，由燃气锅炉排放的污染物对当地环境质量影响甚微，对窟区空气环境没有任何影响。

9.7.5 水环境影响评价

9.7.5.1 施工期

新墩方案施工期，预计施工高峰期现场人员数量及人均用水定额、用水总量、生活污水排放量均与窟区施工方案基本相同，受强烈蒸发作用的影响，预计施工期排放的污水量还会小于预计的 12 m^3/d。污水的成分和主要污染物排放量也与窟区施工基本一样，即 COD_{Cr} 排放量为 3.6 kg/d，BOD_5 排放量为 1.68 kg/d，SS 排放量为 1.2 kg/d。

由于在施工期产生的生活污水和施工废水排放量都比较小，污染成分以耗氧有机质为主，而且是间接排放，排放区又是敦煌绿洲与大漠戈壁交界地带，需要绿化的空间很大。因此，一般可将施工期排放的生活污水经化粪池处理后用于绿化灌溉，或者分散排放，靠蒸发损耗殆尽。总之，根据施工地区的自然环境特点和工程建设产生废水量小的现状，预计不会对周围水环境造成影响。

9.7.5.2 运营期

新墩方案建设符合《敦煌市城市总体规划》（2000—2020）的要求，运营期的供水系统必然与敦煌市市政管网连接，所需的各项用水直接由敦煌市自来水公司供给。

数字展示设施和游客接待设施用水主要是游客及工作人员的生活用水和绿化用水。根据《可研报告》预计，最高日生活用水量为 70 m^3/d。排水量按照用水的 80% 计，则日排水量为 56 m^3/d。这些排放的污水成分比较单一，主要污染物为 COD_{Cr}、BOD_5、SS。在运营初期时段，这些污水由化粪池和自建污水处理站处理后用于绿化灌溉，对环境造成的影响很小。随着敦煌旅游业的发展，数字展示设施和游客接待设施用水量和排水量明显增大，随之市政设施和环境保护设施也会显著改善，这里的生活污水将全部纳入市政污水管网，由污水处理厂处理后，达到《污水综合排放标准》（GB8978-1996）一级A标准安全排放，或者扩大中水利用比率，为干旱戈壁区绿化提供水源。

9.7.6 噪声和振动影响评价

9.7.6.1 施工期

新墩选址区近地表地层为第四系松散堆积物，地基开挖时不需要爆破，施工期噪声主要来自建筑施工机械以及来往车辆的交通噪声，在施工的不同阶段，噪声有不同的特性。建筑施工噪声对环境的影响具有间歇性、阶段性等特点，而且与环境噪声背景值密切相关。白昼由于施工场地附近车辆流动、飞机起降等，环境噪声背景值较大，施工增量噪声的影响不太明显；到了夜间，随着交通流量及人群活动量的减少，环境噪声背景值较低，建筑施工噪声的影响较为明显。噪声影响预测模式与本章9.5.5相同。

根据噪声衰减预测公式（9-2），利用各施工阶段噪声源强（表9-6）数据，预测出主要施工机械噪声在不同距离处的噪声值，预测结果详见表9-18。

表9-18　各施工阶段不同距离处的噪声预测值　　　　　单位：Leq[dB(A)]

施工阶段	噪声源强	距离（m）/衰减量					
		50/-45	100/-51	150/-54.5	170/-55.6	200/-57	390/62.8
		预测值					
土石方	110	65	59	55.5	54.4	53	47.2
基础施工	120	75	69	65.5	64.4	63	57.2
结构施工	110	65	59	55.5	54.4	53	47.2
装修	95	50	44	40.5	39.4	38	32.2

根据施工场地的周围情况，以100 m处的预测值作为施工厂界噪声值，并与建筑施工场界噪声限值进行对比，结果见表9-19。

表9-19　各施工阶段场界噪声与标准对比情况分析　　　　单位：Leq[dB(A)]

施工阶段	主要噪声源	场界噪声预测值		噪声限值	
		昼间	夜间	昼间	夜间
土石方	推土机、挖掘机、装载机等	59	69	75	55
基础施工	各种打桩机等	69	禁止施工	85	禁止施工
结　构	搅拌机、振捣棒、电锯等	59	69	70	55
装　修	吊车、砂轮机、升降机等	44	54	65	55

由表9-19的预测结果可以看出，各施工机械昼间在场界产生的噪声值都能够小于建筑施工场界噪声标准限值，如在夜间施工，大部分机械噪声都将出现超标现象。因此，要求本工程在施工期间，对于大噪声机械设备应安装消音减振设施，同时在晚间20:00至次日6:00不得作业。

据监测分析，新墩选址区噪声背景值为54.16 dB，施工场地周围的声环境敏感点——新墩林场和苏家堡林场居民区分别距离施工地点170 m和390 m，敏感点的背景值与施工期预测噪声叠加结果见表9-20。

表9-20 敏感点噪声背景值与施工期预测噪声叠加结果   单位：Leq[dB(A)]

施工阶段	噪声值					
	新墩林场居民区			苏家堡林场居民区		
	背景值	预测值	叠加值	背景值	预测值	叠加值
土石方	54.16	54.4	57.3	54.16	47.2	55.0
基础施工		64.4	64.8		57.2	59.0
结构施工		54.4	57.3		47.2	55.0
装修		39.4	54.3		32.2	54.2

由上表可知，施工期噪声对新选址区环境噪声背景值贡献不大，叠加值符合《城市区域环境噪声标准》（GB3096－93）中的4类标准，不会对周围居民造成影响。但在土石方、基础施工、结构施工阶段，夜间作业的机械产生的噪声会对新墩林场居民的休息造成影响，因此在这三个阶段，施工单位应禁止夜间施工，其他施工阶段夜间禁止使用打桩机、空压机等高噪声设备。

从表9-18中可以看出，施工噪声在170 m敏感点处已消减为39.4～64.4 dB，与现状飞机起落噪声最大A声级平均值82.4 dB相差18～50 dB，两个噪声叠加后总声压级增加值远远小于0.1 dB。所以施工噪声对敏感点的影响很小。

9.7.6.2 运营期

数字展示设施和游客接待设施建成后的运营期间，除客车噪声和游客说话声，再没有其他新增噪声源，对周围声环境不产生新增影响，不存在噪声对人群的危害。

9.7.7 固体废弃物环境影响

数字展示设施及游客接待设施新选址在莫高窟保护区以外的新墩林场，隶属莫高镇辖区，该镇政府东侧约1 km的戈壁滩上建有垃圾填埋场，承担辖区各单位生活垃圾处置，由环卫工人负责每日清运各单位的生活垃圾，统一运至填埋场。2005年年底敦煌市在城区西北16.8 km处按技术规范建成了一座垃圾填埋场，占地面积为260 m×260 m，2006年正式投入运营。据估算新墩方案施工期共产生弃渣88 t，生活垃圾132 t，这些垃圾都直接运往敦煌市垃圾场进行处理，不会对周围环境产生影响。

新墩方案建成运营后，产生的固体废弃物主要是生活垃圾，包括新建设施内工作人员和游客产生的垃圾。工作人员按200人，每人产生垃圾按0.5 kg计，平均日游客量按6 000人/d、人均产垃圾0.2 kg计，每日生活垃圾约1.3 t/d，旅游高峰期每日垃圾产量可能成倍增加。垃圾成分主要是厨余垃圾、废纸、食品包装袋、饮料瓶等，这些垃圾由环卫工人及时定点回收，统一运至敦煌市城区西北16.8 km处的垃圾填埋场进行处理。可见，新墩方案可以永久性避免或大幅度减少莫高窟区生活垃圾排放量，避免对窟区景观及环境的影响，对莫高窟保护具有重要意义。

9.7.8　旅游环境的影响

在新选址建设数字展示设施及游客接待设施，所有施工活动都在莫高窟保护区范围以外，距莫高窟保护区直线距离14 km，所以在工程施工期间对莫高窟文物环境和旅游环境不产生任何影响。

数字展示设施和游客接待设施建成运营，游客进入莫高窟的形式和路线将有所改变，原来的文化路口将封闭，游客从G314公路南侧进入新建成的数字展示和游客接待入口处购票，先进入数字影院观看敦煌主题电影，在球幕影院体验洞窟漫游，然后乘车从数字展示南出口通过新建1.6 km长的道路转入文化路，直接到达莫高窟参观石窟文物。

莫高窟保护区洞窟数量、开放洞窟个数、参观点位、参观内容、参展空间等都是相对固定的，游客在窟区活动范围也是有限的，数字展示设施和游客接待设施的建设可以增加游客参观内容和活动范围，尤其是新墩方案的实施，使部分参观内容和活动空间扩展到了莫高窟保护区之外。但是需要明确的是，不论数字展示设施和游客接待设施在哪里建设，莫高窟保护区的参展空间都是有限的，合理的静态游客承载量和动态游客承载量分别在2 800人次/日和6 000人次/日，应该以此数量作为控制游客数量的基本指标。

数字展示设施和游客接待设施建在新墩选址建成运营后，游客购票、寄存物品、观看电影、洞窟漫游和多媒体节目、人-机交互娱乐、餐饮等活动都在莫高窟保护区之外进行，游客在窟区的活动内容仅为参观洞窟和陈列中心。由于游客通过数字展示已经获得了莫高窟洞窟壁画大量的信息，参观实体洞窟的时间将会由原来的115分钟缩短至84分钟，加上在陈列中心参观的平均时间，在窟区停留的总时间大约87分钟。与现状相比，大大减少了游客在窟区停留的总时间（表9-21）。

表9-21　新墩方案建设前后游客在莫高窟停留时间预测

项目	建设前	建设后
参观洞窟数 /个	10～12	10
每个洞窟讲解时间 /min	5～8	4
讲解时间总计 /min	71	40
参观行走时间 /min	44	44
参观洞窟时间总计 /min	115	84

续表9-21

项目	建设前	建设后
在陈列中心停留时间 /min	0~6	0~6
在窟区的总时间 /min	123	87

可见，数字展示设施和游客接待设施在莫高窟保护区外建设，有效地减少了游客在窟区的停留时间，减少了游客在窟区的用水量以及垃圾的排放量，缓解了游客大幅度增加对窟区环境带来的压力，对文物环境的保护起到了积极的作用，其效果是十分显著的。

9.8 窟区方案与新墩方案综合对比分析

莫高窟的数字展示设施和游客接待设施在窟区原售票处、接待部、陈列中心位置建设，称为窟区方案，在莫高窟保护区以外的新墩林场选址建设，称为新墩方案。前面评述了这两个方案建设对文物环境的影响，下面再从自然环境和人文环境方面对这两个方案建设进行综合对比分析，以便进一步明确它们各自的优势和劣势。

9.8.1 自然环境差异对比分析

窟区方案与新墩方案建设选址都在敦煌盆地，区域自然环境基本相同，但在具体地貌位置、海拔高度、水文、水文地质、土壤植被等方面还是存在比较明显的差异，这些差异对比见表9-22。

表9-22 窟区方案与新墩方案自然环境差异对比表

对比项	窟区方案	新墩方案	差别	比较优势
区域位置	选址在窟区大泉河右岸，距洞窟约200 m，距敦煌市25 km	选址在保护区外侧G314公路南侧，距洞窟14 km，距敦煌市11 km	距洞窟相差近14 km，距敦煌市城区相差14 km	距洞窟近影响文物保存环境，距城市近有交通便利优势
地貌位置	山地与盆地交接带	戈壁与绿洲交界带	同一单元不同地带	绿洲边缘优于盆地边缘
海拔高度 /m	1 300~1 400 m	1 120~1 130 m	相差180~270 m	低海拔优于高海拔
水文条件	内流域微咸水小河流	偶然有暴雨洪水	微咸水资源相差133.8×10⁴ m³	小河流为绿化提供了水源

对比项	窟区方案	新墩方案	差别	比较优势
水文地质条件	位于冲洪积扇顶部,地下水贫乏,水质差	位于冲洪积扇前缘,地下水埋藏较浅,水量较丰富	地下水资源差异明显	地下水丰富者具有优势
土壤	戈壁裸露,没有土壤层	兼有黄土状亚砂土层和戈壁沙砾	出露地层差别大	土壤分布多者具有优势
植被	邻近小型绿洲,建设场地无植被	敦煌大绿洲边缘,建设场地有稀疏植被	植被发育差别大	接近敦煌绿洲者具有优势

图9-9和图9-10分别为窟区方案建设选址和新墩方案建设选址。

图9-9　窟区方案建设选址　　　　　图9-10　新墩方案建设选址

9.8.2　社会环境对比分析

窟区方案建设选址紧靠莫高窟重点保护区边界,距离石窟仅有230 m,相距100 m范围内有舍利塔7座。窟区只有从事文物保护的敦煌研究院,2006年有职工223人,临时工203人,加上窟区经商人员和施工人员,总计约710人。莫高窟周围12 km范围内既没有村庄住户,也没有农田分布,属于人烟相对稀少的荒漠地区。窟区远离市区,无市政设施,供水靠自备水井,供电、通信靠超过20 km的专线和网络。

新墩方案建设选址紧靠敦煌绿洲边缘,在莫高窟保护区北边界外侧,紧邻G314公路南边,属敦煌市莫高镇管辖区。东边3.2 km有敦煌机场,北东东方向约1.6 km是2006年8月建成通车的敦煌火车站。新墩林场和苏家堡林场的两个小村庄分别位于建设选址区的东、西两侧,共有32户人家。敦煌市市政设施已延伸到新选址所属的莫高镇,供水、排水管网、供电、通信网络实现了全覆盖,出行交通便捷通畅。

9.8.3   文物环境影响对比分析

9.8.3.1   景观影响对比分析

窟区选址属国家重点文物保护单位的重点保护区边缘地带，属通常意义上的窟区核心地带。按照我国的文物保护法律法规，在莫高窟保护区不得进行其他建设工程或者爆破、钻探、挖掘等作业，不得破坏文物保护单位的历史风貌。数字展示设施和游客接待设施虽然是莫高窟保护与利用建设项目的主要内容，但选址距石窟文物太近，其建设施工对文物环境不可避免地产生影响，建成后的实际效果无疑增加了窟区的现代建筑物，与古朴的石窟及周围景观不和谐，对莫高窟历史风貌产生不良影响。

新墩方案跳出了莫高窟保护区，与石窟相距14 km，避免了建设施工和新增建筑物对窟区文物环境的影响，对窟区历史风貌及景观没有任何影响。更重要的是数字展示设施和游客接待设施在新选址的建设，可替代窟区原有游客接待设施，从而减少了窟区现代建筑，有效降低了旅游开发对莫高窟文物环境的压力。

9.8.3.2   文物环境影响对比分析

窟区方案建设数字展示设施及游客接待设施，虽然可减少游客在洞窟的参观时间，但在数字展示中心观看敦煌主题电影和洞窟漫游的时间长达1小时，使游客在窟区滞留的总时间比原来延长至少30～40分钟。这样不仅会增加游客在窟区的生活消费，而且增加了窟区垃圾和废水的排放量。如果游客量在原有最大日游客量的基础上翻一番，则日接待量可在10 000人次以上，排水量至少增加28.6%；旅游旺季每天生活垃圾排放量增加58.5%，会对文物保护环境产生不利影响。

新墩方案可以真正实现减少游客在洞窟的参观时间，将游客在洞窟的滞留时间从原来的123分钟减少到87分钟，并且将游客的生活消费引到保护区外，把游客生活垃圾的排放也引到保护区之外。这样不仅减少了窟区资源、能源的供给和消耗，而且有效地减少了窟区污染物的排放，对窟区文物环境保护具有显著的效果。

实际上，窟区方案使游客在莫高窟区滞留时间比原来延长了30～40分钟，而新墩方案使游客在窟区的滞留时间比原来减少了34分钟，两个方案游客在窟区滞留的时间之差就是两者之和，相差至少在60分钟。显而易见，新墩方案对莫高窟文物环境保护发挥的作用重大，效果十分显著。

9.8.4   旅游参观和管理对比分析

窟区方案建成运营后，游客购票、寄存物品、观看电影、体验洞窟实景（漫游）、参观洞窟、购物、餐饮、休息、娱乐等活动都在窟区内完成，即完成除住宿之外的所有旅游要素涉及的内容，这对旅游者来讲是比较方便的。但是随着游客的增加，将会对窟区环境产生诸多不良影响，尤其是旅游旺季客流量大幅度增加甚至超过莫高窟接待能力，数以万计的人流进入窟区而不能及时疏散，必然对窟区的管理带来安全隐患，对窟区文物环境安全构成威胁。

新墩方案建成运营后，游客购票、寄存物品、观看电影、体验洞窟实景（漫游）、参观洞窟、购物、餐饮、休息、娱乐等活动都在窟区外完成，游客到窟区仅是参观石窟文物。虽然游客在远离窟区 14 km 的地方完成了参观莫高窟的一部分项目，但并没有减少参观内容和信息量，没有降低旅游质量。相反有兴趣的游客可以在保护区外延长观看人–机互动的时间，增加相应的娱乐活动，满足游客餐饮、购物及其他需求。更重要的是可以在莫高窟保护区外有效控制游客人数，按照莫高窟游客容量或实际接待能力，合理确定门票出售数量，实现旅游高峰期游客及时分流或疏散，从而提高窟区旅游管理的主动性，使人为活动对文物环境的影响减小到最低程度；同时，针对窟区原有游客接待设施，逐步实现窟区现代建筑减量化，文物景观风貌原始化，为莫高窟永久保存和合理利用筑牢基础。

9.8.5　综合对比分析结论

通过综合对比分析可以看出，新墩方案在景观环境、大气环境、生态环境、噪声振动等方面对莫高窟文物环境都没有影响。在文物合理利用方面对优化旅游环境起到了积极作用，便于游客分流、疏散和管理，可有效缩短游客在窟区参观游览的滞留时间，从而减少了窟区资源、能源的消耗，减少了窟区污水和垃圾排放量，真正发挥了合理应对游客增加而减轻窟区环境压力的效果，对莫高窟文物环境长治久安具有重要作用；同时，新墩方案的区位优势明显、交通便捷通畅、开发程度较低，为后期进一步发展留有充裕的空间。显而易见，数字展示设施和游客接待设施在莫高窟保护区外的新墩林场地段建设，具有十分显著的优势。

10   莫高窟文物环境保护
与可持续发展

文化遗产的可持续发展就是既要满足当代人对优秀文化的精神需求，又要满足后代人对优秀文化的精神需求。莫高窟文化遗产的可持续发展主要是指它的真实性、完整性得到不断延续，文化遗产的价值得到永久传承和发展。要始终保持遗产保护利用与传承之间的平衡，只有平衡才能稳定，稳定才能延续和发展。

10.1   保护优先，协调发展

进入21世纪，在新时代的征程上，敦煌研究院作为我国文物保护研究的龙头和世界文化遗产驰名单位，坚持"保护第一、加强管理、挖掘价值、有效利用、让文物活起来"的新时代文物工作方针，以严谨的科学态度进行石窟文物保护技术研究和应用，使洞窟病害得到了有效治理，始终维护着莫高窟的稳定和健康。

由于莫高窟洞窟文物病害的产生和发展均与保存环境直接相关，显然要长期保持莫高窟文化遗产的真实性、完整性和延续性，就必须同时做好文物本体保护和石窟环境保护，只有深刻认识保存环境对文物的影响，顺应自然，有针对性地改善自然环境，营造利于石窟保护的社会氛围，方能保障莫高窟文化遗产的可持续发展。

要树立保护文物环境也是保护文物的理念，在协调莫高窟文物环境保护方面应当采取以下主要措施。

10.1.1   气候环境保护与发展应对措施

顺应有利于石窟文物保护的干旱气候环境，完善窟区气候要素和洞窟内小气候监测体系，采用现代技术手段稳定洞窟干燥的空气环境。继续做好鸣沙山面坡草方格护沙-

人工栅栏和灌木林带拦沙-窟顶戈壁砾石压沙的防风固沙体系，避免人为工程活动引起窟区的空气湿度增加。控制窟区车辆运行，旅游车辆全部采用以电动为主的新能源车辆。

为应对全球气候变暖和我国西北地区降水量增加的局面，若窟区连续多年的气象监测资料显示降水量和空气湿度呈连续增加趋势，就应当断然减少窟区小绿洲的灌溉水量，并适度移除洞窟崖体前的部分树木，以便遏制窟区绿化增湿效应，从而防治洞窟潮湿度增加导致的壁画、彩塑病害加重问题。

10.1.2　水环境保护与发展应对措施

对极度干旱缺水的莫高窟而言，实施保护优先、节水优先显得非常必要。其一，一如既往保护好大泉河流域生态环境，始终维护大泉河水生态平衡和良性循环，因为这条小河流既是莫高窟选址建设的根本因素，又是支撑莫高窟建设、发展的物质基础，还是养育窟区小绿洲的源泉。其二，保持窟区现有绿化面积稳定，总结已有的灌溉用水经验，有计划地实施绿化用水，用最少的灌溉水量实现最大的绿化效果，最大限度地发挥水资源利用效率。

针对截引大泉河流水用于窟区绿化的现实，对由此造成的地下水动态变化开展长期监测，根据地下水的水位年内、年际监测数据变化情况来分析地下水与窟区灌溉用水之间的关系，进而估算绿化灌溉水的入渗量和蒸发蒸腾量，为窟区绿化的合理化、灌溉用水定额的精准化提供科学依据。其目的依然是节约用水、稳定窟区的水环境。

要在节水优先的前提下，根据窟区工作人员和游客必需的生活用水量，谨慎对待从外部向莫高窟调水，严格控制输入生活用水量。因为大幅度向窟区输入水量，一方面会引起窟区干旱型水环境向湿润化转变，引起窟区空气湿度增加，甚至引起洞窟小气候变化，另一方面，会增加窟区废水排放量，加重污水处理压力，对文物保存环境造成不良影响。

要进一步研究洞窟潮湿的原因，完善莫高窟周边戈壁、窟区绿洲、洞窟内部温湿度监测体系，综合分析区域气候变化、窟区绿洲气候变化与洞窟小气候变化的关系，分析非饱和水运移动能和运动规律。采用南区洞窟、北区洞窟潮湿度对比方法，论证窟区地面铺设砼板或石材的"锅盖效应"，揭示洞窟水分来源和去向，为切断非饱和水向洞窟方向的运移、揭去窟区地面铺设不透水板材提供科学依据。

10.1.3　环境绿化与可持续发展应对措施

现有研究已经表明，窟区绿化对局部空间具有比较明显的增湿、降温的效应，这对前来莫高窟参观的游客来说是好事，可增加游客的舒适感，但对洞窟壁画保护而言，增湿效应会引发或加重壁画及地帐软化、酥碱、霉菌霉变等病害的发生。试想如果为了绿化，为了防风固沙、美化环境，可通过外流域调水把千佛洞戈壁全部植树造林，营造成一片绿洲，同时把窟顶戈壁全部建成人工林，到那时整个敦煌绿洲面积将显著扩大，显得更加壮观。但是对莫高窟保存的干旱环境是一种损害，洞窟内潮湿、酥碱必然加重，壁画、彩塑的各种病害会接踵而来，严重者会导致洞窟壁画毁坏。

显而易见，为了莫高窟长治久安，就应当坚持"宜林则林、宜草则草、宜沙则沙、宜荒则荒"的环境生态学理念，要顺应自然环境，保护好莫高窟干旱环境，以谨慎的态度对待窟区绿化，稳定窟区绿化面积，控制绿化灌溉水量。

10.1.4　景观环境保护与发展应对措施

窟区自然景观本身具有稳定性和可持续性，只要不涉及宏大的工程项目，它的特殊景色是不会改变的，而窟区自然与人为复合景观环境具有不稳定性和易变性。其变化动因：一是以风沙、暴雨、洪水侵蚀为主的自然因素，二是人为活动因素。不管是自然因素还是人为因素，窟区的景观环境都能够通过工程技术和管理手段来有限管控。

管控窟区的景观环境，实际上就是保护莫高窟历史风貌的真实性、完整性和延续性。窟区景观管控可采取的主要措施有：

（1）严格执行文物保护单位保护区、准保护区管理方面的法律法规。

（2）禁止在窟区新建、改建或扩建与莫高窟保护无关的建设项目，对影响窟区景观和谐的设施予以拆除。

（3）针对莫高窟开展的抢险加固工程、保养维护工程、修缮工程和保护性设施建设工程，在施工期应注意维护景观环境，工程场地周界须设立临时防护挡墙或挡板，并在挡板外表面绘制与莫高窟景观相协调的板面画。施工场地尽量选择在相对隐蔽的位置，施工时建筑材料的运输应避开游客高峰期或在有条件的地段选择隐蔽专线。提倡文明施工，不损坏窟区内的一草一木，及时清运建筑垃圾。加强施工管理，保证施工井然有序。

（4）随着数字展示设施和游客接待设施在保护区外新墩选址建设运营，窟区要保持文物利用设施和游客接待设施等现代建筑只减不增。严禁在窟区和游客参展路线附近搭建临时建筑物，严禁在游客参观区堆放杂物，保持窟区内的环境卫生整洁。强化管理，保护好自然环境和人文环境的和谐共生。

（5）通过窟区的大泉河防洪堤坝应尽可能保持沿岸原有的砾岩风貌。

（6）在保持莫高窟特有绿化树种的基础上，有计划分步实施窟区绿化树种优选更新，因势利导发展当地特色树种胡杨林。

10.1.5 固体废弃物处理与发展应对措施

围绕莫高窟保护设施建设和基础设施建设开展的工程，应该核实挖方量和填方量，对弃渣要及时清运，安全处置；对施工人员产生的生活垃圾应集中收集和清运，严禁乱扔乱倒。工程竣工后要及时清理现场，临时占用场地应恢复原有地貌形态，避免对环境风貌造成不良影响。

在以游客为主的人为活动范围内，要合理设置垃圾箱，引导游客文明旅游，不乱扔乱倒垃圾。对垃圾箱每天至少清理一次，及时将垃圾运往规范的垃圾填埋场处置，始终保持景区清洁卫生，始终保持文物环境不受影响。

要严格执行《中华人民共和国文物保护法》第十九条"在文物保护单位的保护范围和建设控制地带内，不得建设污染文物保护单位及其环境的设施，不得进行可能影响文物保护单位安全及其环境的活动"的规定。为了保证窟区生活垃圾及时清运妥善处理，不产生二次污染，避免对文物保护区景观环境造成影响，建议将莫高窟现有距离石窟崖体仅约2 km的生活垃圾填埋场进行封场处理，对已经堆放的垃圾做好卫生填埋，表面平整后覆盖砾石，使其恢复戈壁景观。可以在现有生活垃圾场东面保护区外3 km处选址建设标准化垃圾卫生填埋场，并对垃圾收集、清运、安全填埋进行规范化管理，确保对窟区环境不产生影响。

10.1.6 旅游环境与发展应对措施

莫高窟是世界遗产保护区，要把文化遗产保护始终放到第一位，在确保文物安全的前提下，按照窟区动态容量有序安排游客参观洞窟。游客的接待、购门票、多媒体互动、观看影视节目、购物、餐饮、娱乐及其他旅游活动均在莫高窟保护区外的游客活动中心进行。

从游客活动中心到洞窟15 km的道路专线，应由敦煌研究院统一安排新能源摆渡车并由讲解员带领游客团队进出窟区，按时按点有序完成约定参观的洞窟。为了减少游客在洞窟内的滞留时间，减少对洞窟小气候环境的影响，应尽量提高参观文化遗产的质量效率，不随意拖延参观时间。讲解员要温馨提醒游客参观洞窟的注意事项，提倡文明旅游，进入窟区不乱扔垃圾、不随地吐痰、不大声喧哗。

10.2 合理利用，确保安全

生存需要安全，发展也需要安全，文物本体要安全，保存环境也要安全，离开了安全，文物保护与合理利用无从谈起。只有始终把确保文物安全放在首要位置，加强源头治理和全过程监督，着力防范盗窃、盗掘、火灾等事故发生，健全文物防灾减灾体系，才能保障莫高窟文物本体和保存环境稳定、健康、可持续发展。

10.3　防范风险，有备无患

10.3.1　洪水风险

尽管大泉河流域气候极度干旱，降水特别稀少，径流量很小，但来势凶猛的暴雨几乎年年出现，极端天气、特大暴雨引发的洪水风险难以避免。据《敦煌莫高窟风险监测与评估关键技术研究》（2013BAK01B01），当暴雨从大泉河流域源头野马山区开始逐步向北扩展并持续30～60分钟时，大泉河莫高窟断面的洪峰流量将会呈现野马山区、一百四戈壁区、三危山区暴雨洪峰流量的叠加，造成的最大洪峰流量为五十年一遇 Q=304.63 m^3/s，一百年一遇 Q=449.79 m^3/s。

大泉河洪峰流量与多年平均流量差距悬殊的主要原因：一是当地极度干旱、降水高度集中的气候特征；二是集雨面积大、水源涵养作用缺失的流域特征。莫高窟断面以上流域（集雨）面积达1 115 km^2，由南向北地面纵比降达2.75%，且呈现为植被稀少的荒漠戈壁。因此，突如其来的暴雨很容易形成凶猛的洪水。

据考察，一百四戈壁以南对应野马山发育的沟谷，从东到西主要有红柳峡、芦草沟、一碗泉沟、大黑沟、好布拉沟、西墙子沟、滴水沟、三个泉沟、小康沟等，属于大泉河流域源头产流区的沟谷主要是西墙子沟、好布拉沟、滴水沟三条沟谷，它们是形成大泉河暴雨洪水的策源地，再加上一百四戈壁产生的暴雨洪水，就形成了流经莫高窟的洪水风险。

显而易见，要防范莫高窟洪水风险，就应当把重点放到大泉河源头和一百四戈壁产流、汇流区，通常可采用以下几种梯级拦洪工程措施：

（1）在西墙子沟建设拦洪水库，也就是在洪水还没有流出野马山之前，修建拦洪调蓄水库，只修筑重力型拦洪坝，不需要做防渗措施，任凭库中水自然渗漏补给地下水，将突如其来的暴雨洪水拦截在调蓄水库，以缓慢下渗的方式补给地下水，由此把暴雨洪水转变为较稳定的地下水资源。

（2）在大泉河流域经过的一百四戈壁南部（上部）地带，选择有利地形修筑第一道拦洪坝（走向290°～300°），将西墙子、滴水沟的暴雨洪水向西截引分流至党河流域。在一百四戈壁中部地带选择合适的地方修筑第二道拦洪坝（走向40°左右），将暴雨洪水向东截引分流到东水沟。第三道拦洪坝在一百四戈壁北部条胡子、东泉沙沟向东4.5 km处修筑（走向0°），将东泉沙沟汇入大泉河的洪水拦截，将拦截的洪水改变流向注入东水沟。拦洪坝的截引分流可以大幅度消减洪峰流量，对防范莫高窟洪水风险具有重要作用。

（3）在大泉河流域一百四戈壁中部至大泉、条胡子泉一带，修筑大小不等的涝坝或小水库，分散储蓄暴雨洪水，利用戈壁沙砾石的易渗漏性，将储蓄的暴雨洪水自然下渗转化为地下潜流。这种分散式、多点位的涝坝和小水库，也会对消减洪水流量具有较好的效果。

以上几种措施，只要采用任何一种都能起到防范莫高窟洪水风险的作用。按照先近后远、先易后难的工作方略，首先在大泉、条胡子东边4.5 km的沙沟修筑拦洪坝，将原本汇入大泉河的洪流拦截、倒转流向注入东水沟。其次在一百四戈壁南部（上部）修筑拦洪坝（走向290°～300°，图10-1），将西墙子、滴水沟暴雨洪水向西截引分流至党河流域。这两项工程措施的实施，就可以大幅度消减大泉河洪水，有效防范洪水风险对莫高窟的危害。当然，防洪措施的选择和建设，还需按照工程管理要求，经过详细勘察、充分论证、工程设计和审查后方可实施。

图10-1　大泉河流域一百四戈壁截洪坝示意图

不论大泉河源头和一百四戈壁防洪工程措施能否实施，建立莫高窟洪水风险监测预警体系还是很有必要的。暴雨洪水预警体系包括在大泉河源头野马山西墙子沟或好布拉、一百四戈壁设立自记雨量计，在大泉出露地带的东泉沟汇入大泉河断面设立视频监控和洪水水位监测设施，利用现代传输技术将降雨强度、降雨量数据和视频洪水监测数据自动传送到莫高窟监控平台，通过数据处理和信息研判，及时准确做出洪水预报、预警，为莫高窟洪水风险防范提前介入提供技术支撑。

利用大泉河源头及汇水区暴雨洪水风险监测预警体系，虽然可以为莫高窟防洪抗灾争取时间，但没能减少进入莫高窟河段的洪水流量，当发生百年一遇、千年一遇的洪水时，仍然对莫高窟有灾难性威胁。只有在大泉河流源区及一百四戈壁上、中、下游构筑拦洪截引工程，将暴雨洪水从大泉河流域分流到党河和东水沟流域，才能真正起到减少大泉河洪水流量的作用，从而有效降低洪水风险对莫高窟的威胁。

10.3.2　地震风险

从莫高窟所处的地质环境可知，二百多年以来敦煌莫高窟地区及邻区发生过10次烈度为Ⅵ度至Ⅹ度的地震，其中8次地震烈度在Ⅵ度到Ⅷ度。因此，莫高窟地区地震烈度划分为Ⅶ度。虽然有记载的地震资料显示莫高窟地区地质环境相对稳定，社会环境可控，但防范地震风险的意识不能有丝毫的松懈。要认识到莫高窟所在地貌部位是敦煌盆地南部边缘，距离三危山断裂带仅1.5~2.0 km。断裂活动具有继承性，是地应力集中释放引发地震的构造部位。因此，对莫高窟地震风险防范必须提高警惕，做好预警预案。

敦煌研究院历来重视地震风险预测预防，曾经针对莫高窟洞窟崖体和附加构筑物的抗震稳定性问题开展过专题研究，21世纪初，委托甘肃省地震局围绕洞窟崖体在不同部位安装了十余处微地震监测装置，搭建了窟区地震监测网点。当然，要完善莫高窟地震预防预警体系，还应该选择在三危山断裂带建立地震监测点，利用现代监测仪器设备，对地应力和断裂的活动性进行常观监测，并将监测数据与洞窟崖体微地震数据统一纳入地震预报分析系统，为窟区地震预测预防提供技术支撑。

为提高地震风险意识和应对风险的能力，应依托地震部门和应急机构专业技术人员，结合窟区的特点，在完善地震预警预案的基础上，构建地震灾害联防联控工作机制，开展敦煌研究院全体职员防震救灾培训和实战演练，强化地震风险应急响应能力，为有效防范地震灾害、最大限度地保障莫高窟文物安全奠定坚实基础。

10.4　科技引领，创新发展

　　为了实现莫高窟文物的永久性保护和利用，敦煌研究院经过多年探索和技术引进，率先推进了洞窟壁画、彩塑等文物信息高清数据采集和数字化展示，并于2014年建成了洞窟壁画、彩塑数字化展示的两个球幕影院，既满足了游客参观实体洞窟的需求，又解决了游客大幅度增加对莫高窟文物保存环境带来的压力，同时丰富了游客参展文化遗产的内容，提升了游客对莫高窟各种信息的获得感。

　　随着文化遗产数字化保护与利用技术的发展，莫高窟还需要进一步做好文物本体、文物环境、文物全部信息的采集，在实现文物数据永久性安全保存的同时，健全数据管理和开放共享机制，推进文物数字化标准规范体系的建立，发展文物数字内容的云展览、云教育，推动文物数字资源接入国家教育资源公共服务体系，实现莫高窟文化遗产的永续利用。

　　要做好任何一件事，都要先打好基础，莫高窟的保护研究也不例外。要解决洞窟文物保护中面临的难点问题，必须加强相关基础理论研究。例如引起洞窟潮湿的水分来源，壁画酥碱、壁画褪色、烟熏壁画的修复，微生物污染，洞窟及岩体的稳定性问题等，要解决好这些问题，需要掌握数学、力学、物理学、化学、生物学、大气科学、地质学的基础理论，通过研究来寻求解决方案。只有持之以恒强化多学科基础研究，才能揭示文物保护难点问题、关键问题的实质，弄清洞窟文物病害形成的原因，进而找到解决问题的方法。由此可见，深入扎实的基础研究是夯实莫高窟保护、利用、可持续发展的基础。

　　要在已有国家文物局重点科研基地、甘肃省敦煌文物保护研究中心的基础上，建立具有敦煌莫高窟特色的文物保护与基础环境研究体系，力争申报全国重点实验室，创造条件鼓励从事莫高窟保护的科技人员申报国家自然科学基金、国家社会科学基金、国家重点研发项目等，持续推进文物保护科技创新，不断推出一批揭示文物病害成因与发展变化机理、理清文物本体与保存环境关系的高质量创新研究成果，为莫高窟洞窟文物、保存环境及历史风貌的完整保护和延续提供理论指导和科学依据。

10.5　重视人才队伍建设，保障莫高窟保护与利用可持续发展

　　留住人才、用好现有人才是稳定队伍的关键，人才队伍的稳定是莫高窟保护研究、传承、稳步发展的基石，不断吸收和充实人才队伍是可持续发展的保证。

　　要不断充实、壮大人才队伍，就应当高度重视人才引进培养，实行更加积极开放的

人才政策，不拘一格引进高层次专业人才。要坚持每年从高等院校招聘热爱文物保护工作、德才兼备的毕业生，有计划地引进或储备新生力量；要不断提升在职人员的专业水平及业务能力，要根据个人的爱好和专业特长加大送出去学习的培养力度，提高理论水平和专业技能；要积极参加本院研究团队的项目，在文物保护实战中锻炼成长。通过多渠道、多种形式的锻炼和培训，始终保持敦煌研究院拥有一支有胸怀、有品德、有才能的人才队伍，始终保持莫高窟文物保护事业后继有人、人才辈出、持续发展。

　　文物保护工作责任重大，使命光荣。我们要以为莫高窟奉献毕生精力的老前辈为榜样，保持和发扬艰苦奋斗的敬业精神，保持和发扬一身正气、两袖清风的工作作风，保持和发扬择一事终一生的坚定意志。始终坚持"保护第一、加强管理、挖掘价值、有效利用、让文物活起来"的新时代文物工作方针；坚持在保护中发展，在发展中保护；坚持开放包容，守正创新；坚持人才是莫高窟保护的第一要素。努力稳定人才队伍和不断充实新生力量，铸牢文物环境安全意识，践行文物本体、文物环境系统化保护的策略，脚踏实地，踔厉奋发，把莫高窟打造成人类文化遗产保护、研究、传承的典范，把敦煌研究院建设成世界一流的高水平文物保护研究机构，从而保障莫高窟文物与环境健康、稳定、可持续发展，保障博大精深的文化遗产既能满足当代人精神文化的需求，又能满足后代人精神文化的需求。

参考文献

[1] 樊锦诗，赵声良.灿烂佛宫[M].杭州：浙江文艺出版社，2004.

[2] 张明泉，张虎元，曾正中，等.敦煌莫高窟壁画酥碱产生机理[J].兰州大学学报，1995，31（1）：98-101.

[3] 敦煌市志编纂委员会.敦煌市志[M].北京：新华出版社，1994.

[4] 张明泉，曾正中，王旭东，等.莫高窟和月牙泉景区水环境[M].兰州:兰州大学出版社，2021.

[5]张明泉，赵转军，曾正中.敦煌盆地水环境特征与水资源可持续利用[J].干旱区资源与环境，2003，17（4）：71-76.

[6]张明泉，曾正中，蔡红霞，等.敦煌月牙泉水环境退化与防治对策[J].兰州大学学报，2004，40（3）：99-102.

[7]张明泉，王亚芹，王旭东，等，敦煌大泉河径流量24小时变化规律分析[J].水文，2009，29（4）：83-86.

[8]张强，胡隐樵.干旱区的绿洲效应[J].自然杂志，2000，23（4）：234-236.

[9]柳本立，张伟民，刘小宁，等.莫高窟顶戈壁偏东风作用下输沙率变化的观测研究[J].中国沙漠，2010，30（03）：516-521.

[10]汪万福，张伟民.敦煌莫高窟窟顶风沙环境综合治理回顾与展望[J].敦煌研究，2007（05）：98-102.

[11]王万福，王涛，张伟民，等.敦煌莫高窟风沙危害综合防护体系设计研究[J].干旱区地理，2005（05）：614-620.

[12]汪万福，李最雄，刘贤万，等.敦煌莫高窟顶灌木林带防护效应研究[J].中国沙漠，2004（03）：52-58.

[13]张伟民，王涛，薛娴，等.敦煌莫高窟风沙危害综合防护体系探讨[J].中国沙漠，2000（04）：65-70.

[14]李最雄.丝绸之路石窟壁画彩塑保护[M].北京：科学出版社，2005.

[15]张琦.文化遗产保护与发展旅游经济的矛盾及解决对策——以敦煌莫高窟为例[J].时代金融，2015（08）：52-53.

[16]吴娜，宋喜群.游客与文化遗产能否双赢[N].光明日报，2013-05-22（005）.

[17]樊锦诗.守护文化之根　弘扬莫高精神——团结一心把敦煌研究院建设成为世界文化遗产保护的典范和敦煌学研究的高地[J].敦煌研究，2020（06）：1-3.

[18]樊锦诗.段文杰先生对敦煌研究事业的贡献[J].敦煌研究，2011（03）：1-3.

[19]樊锦诗.简述敦煌莫高窟保护管理工作的探索和实践[J].敦煌研究，2016（05）：1-5.

[20]樊锦诗.坚持敦煌莫高窟文物管理体制不动摇[J].敦煌研究，2015（04）：1-4.

[21]樊锦诗.守护敦煌艺术宝藏，传承人类文化遗产——敦煌研究院七十年[J].敦煌研究，2014（03）：1-5.